Therapie to Go: 100 Psychotherapie-Tools für mehr Leichtigkeit im Alltag

# 精神内耗自救指南

## 有效心理自助的100个练习

[德] 萨沙 · 巴希姆 著
Sacha Bachim
郑静 译

中信出版集团 | 北京

图书在版编目（CIP）数据

精神内耗自救指南：有效心理自助的 100 个练习 /
(德) 萨沙 · 巴希姆著；郑静译 . -- 北京：中信出版社，
2023.7
ISBN 978-7-5217-5646-3

Ⅰ . ①精… Ⅱ . ①萨… ②郑… Ⅲ . ①心理学－通俗
读物 Ⅳ . ① B84-49

中国国家版本馆 CIP 数据核字（2023）第 069053 号



精神内耗自救指南：有效心理自助的 100 个练习
著者：　　[德] 萨沙 · 巴希姆
译者：　　郑静
出版发行：　中信出版集团股份有限公司
（北京市朝阳区东三环北路 27 号嘉铭中心　邮编　100020）
承印者：　宝蕾元仁浩（天津）印刷有限公司

开本：880mm×1230mm 1/32　　印张：10　　字数：280 千字
版次：2023 年 7 月第 1 版　　印次：2023 年 7 月第 1 次印刷
京权图字：01–2023–2881　　书号：ISBN 978-7-5217-5646-3
定价：59.00 元


服务热线：400–600–8099
投稿邮箱：author@citicpub.com

# 目录

# 导语

“又是一本老调重弹的自救指南。”我如果不是作者，拿到这本书估计也会这么想。“我到底还得听多少遍、读多少遍‘你应该淡定一点，变得正能量一点’这种类似的建议？这些千篇一律的‘大智慧’和心灵鸡汤被炒冷饭的次数难道还不够多吗？如果说这个世界上有什么东西完全没有必要存在，恐怕就是一本新的自救指南吧！”

然而，我还是写下了这本书。

心理治疗师[①]通常都有一个“工具箱”，里面装着用来应对各种状况的“钳子”、“螺丝”和“扳手”。在心理治疗过程中，治疗师会帮助患者找到合适的工具，修补其失衡的内心。当然，科学的心理治疗绝不仅仅是一些小建议和小妙招，而是一套完整的诊疗方案。许多疗愈性的建议和技巧有时确实能发挥作用，引导患者转变思维，改善日常生活的质量。况且采取一些措施预防心理问题也不会有什么坏处，对吧？

我在和患者接触的过程中，常常会感叹：“呃，这个方法对他确实有效（也幸好有效，不然我可能得换工作了）。”同时我也不止一次地想过，大家应该都用得上这个方法。

从这个意义上来讲，心理治疗师有时就像魔术师。当然，心理治疗既不是事先排练好的帽子戏法，也不是什么魔法。魔术师的种种招数都来自他的魔术宝典，他需要提前做好准备，不可轻易揭秘，这一点跟心理治疗颇为相似。一次心理治疗最终呈现的效果就像是一场仅限特邀嘉宾观看的演出，诊断书就是入场券，幸福生活的秘方就藏在诊所那紧闭的大门

① 为便于理解，本书中所有涉及不同性别的职业均采用男性代词（德语中表示职业的名词区分男性和女性），并无歧视。

背后，只能一点一点透露给依次前来的患者。它跟魔术表演确实很像，不是吗？

所以，我写这本书就是希望和读者一起来抵制那些“魔术宝典”似的自救指南，好好看看“工具箱”里究竟有些什么，毕竟我们或多或少都需要紧一紧大脑的某个“螺丝”。

# 01 灯神阿拉丁

说出你的愿望

## 灯神阿拉丁

说出你的愿望

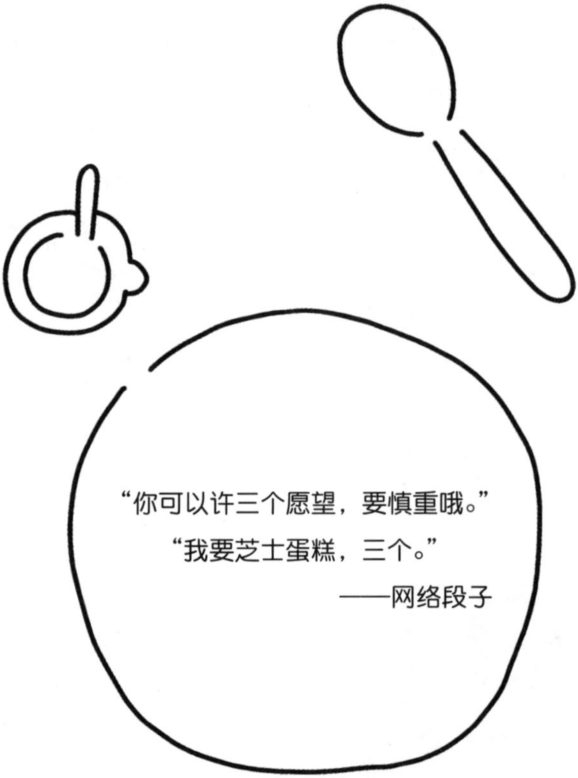

先明确目标。

如果没有上进心，人类可能还在过着石器时代那种朝不保夕的穴居生活，不可能取得今天的成就。目标和决心是人们前行的支点、舵轮，也是个人自我实现的指路牌。我们有意无意间设定的那些目标，指明了自身的前进方向，甚至会对整个人产生决定性影响。

因此，在确定人生目标的时候，我们最好多加考虑，不能像决定今天穿什么颜色的袜子一样随意。

如果等到弥留之际才反思“为什么自己明明忍受不了小孩却当上了幼儿园老师？为什么自己一辈子积财吝赏，到头来却穷得只剩下钱财？”，那就太迟了。

在仓促设定目标之前，你不妨花些时间认真分析一下现状，不然你怎么能判断生活中哪些方面需要提升呢？现状分析的第一步就是问问自己：我现在幸福吗？满意吗？自由吗？

## 方法1：五种自由

家庭心理治疗的先驱萨提亚提出了有助于个体发挥潜能的五种自由。

- 及时获取真实信息的自由，而非为虚拟的、过时的或尚未发生的事件所包围。
- 如实表达的自由，而非迎合他人的期待。
- 忠于自身感受的自由，而非刻意伪装。
- 按需索取的自由，而非依靠他人许可。
- 风险自担的自由，而非困在舒适区，畏惧一切新的尝试。

你可以尝试用以上五条来评估你目前所享有的自由。如果你得出的结论是，自己也许还能更自由一些，那么不妨把这种想法转化为具体的目标。你所确定的目标应当有助于你活得更真实，更能把握当下，更加敢于说出和接纳自身的经历，更加坦然地观照内心，更能克服恐惧和不安。

当然，目标也分好的和坏的、具体的和模糊的、经过深思熟虑的和看起来不太明智的，不过最多的还是实现不了的。

我要变得更淡定，我要改善与恋人的关系，我要摆脱恐惧，我要变得更自信，我要更安稳、更适意的生活——这些都是极为常见的目标，但注定难以实现。

假如我打算学习希腊语，我可以每天学两个小时。如果坚持下去，我最后很有可能学会，比如某天突然发现自己能听懂隔壁邻居用希腊语互诉衷肠了——以前听不懂的时候，我只当他们在吵架呢。但如果我定的目标是变得幸福，情况就有些复杂了。难道我每天花两个小时练习幸福吗？即使这样，我又怎么能知道自己什么时候才算实现目标呢？

在目标心理学中，合理地设定目标可遵循多个有效的标准。

## 方法2：SMART目标

1981 年乔治·多兰提出了目标设定的 SMART 原则，即具体（specific）、可度量（measurable）、有吸引力（attractive）、切合实际（realistic）以及有时限（time-related）。根据上述原则，我们设立的目标应当尽可能具体，其完成情况要便于检验，具备引人向上的价值，符合现实情况，并且能够在一定时间内达成。

今后设定目标的时候，你就可以尝试运用 SMART 原则，比如用“接下来几个月至少认识一个新朋友”代替“我希望减轻自己的孤独感”，用“10 周之内减重 5 千克”代替“拥有维密天使般的身材”。你如果想增进与另一半之间的关系，那么可以多花点时间在平淡的日常生活中制造一些有趣的片段，然后在心里评估一下哪些方法效果最好。

别再给自己设定那些模糊、空洞、不切实际的目标了，做个聪明的目标设定者吧！

## 方法3：期望×价值模型

早在 20 世纪 50 年代，动机心理学就提出了“期望 × 价值”模型，用于阐释人们设立目标的过程。成就动机，也就是将我们认为重要的事情坚持到底的倾向，可以通过一个公式计算出来。公式的其他组成部分还包括成功期望（对目标实现概率的估计）和任务价值（对目标实现后的快乐、自豪感的想象）。这个公式就是：

$M$（成就动机）$=E$（成功期望）$\times W$（任务价值）

简言之，你可以想象自己在玩套圈游戏，你的面前摆放着十来个目标，距离在 0 ～ 10 米不等。你可以任意选择套哪一个，距离越远当然越难套中，但任务价值也越高。套离你最近的那个固然很容易，但是毫无挑战性，略显无趣，即使最缺乏运动细胞的人也能轻松做到。而 10 米之外的目标难度系数极高，如果能套中就太厉害了，拍成短视频发到网上一定会火，说不定你还会因此成为网红呢。

研究发现，成就动机强的人往往倾向于选择成功概率适中的目标，而成就动机弱的人则会选择很容易达成或很难达成的目标。如果将套圈游戏的情形转化成数字，就得到下面的表格。

| 距　　离 | 0 米 | 1 米 | 2 米 | 3 米 | 4 米 | 5 米 | 6 米 | 7 米 | 8 米 | 9 米 | 10 米 |
|---|---|---|---|---|---|---|---|---|---|---|---|
| **成功期望** | 100% | 90% | 80% | 70% | 60% | 50% | 40% | 30% | 20% | 10% | 0% |
| **任务价值** | 0% | 10% | 20% | 30% | 40% | 50% | 60% | 70% | 80% | 90% | 100% |
| **成就动机** | 0 | 900 | 1600 | 2100 | 2400 | 2500 | 2400 | 2100 | 1600 | 900 | 0 |

可见，距离 5 米时成就动机达到峰值。显然，“M=E×W”并非像数学公式一样精确，但它揭示了一点：有意识地设定一个中等难度、中等吸引力的目标可以增强我们的成就动机。

下次你不妨试试用“期望 × 价值”模型来检视你设定的那些目标，看看是否能够获得增强成就动机的效果。设立目标时，你可以尝试在成功期望和任务价值之间寻找平衡。

## 方法4：神奇提问

要想换个视角审视自己的目标和愿望，提高可行性，有一个简单又有效的方法：神奇提问法。这种治疗方法最初由焦点解决短期治疗的创始人史蒂夫·德·沙泽尔和因索·金·伯格于 1988 年提出。

现在想象有个小仙子在你面前飞来飞去，当然也可以是胡子老长的魔法师，或者从油灯里飘出来的精怪，总而言之，他非要用超自然能力满足你一个愿望。你肯定马上就能想到很多：想长生不老啦，想买彩票中大奖啦，想拥有飞行能力啦，想要航母那么大的豪华游艇以及能停放它的游泳池啦，诸如此类。在马上实现这些愿望之前，我建议你好好珍惜这次机会，许一个有利于现实生活的愿望。你应该很清楚，生活中有什么东西是你早就想要改善的。

如果你想到了这样一个目标，好极了。接着想象自己对小仙子真切地许下这个愿望，哪怕它听起来可能还不太具体。小仙子用魔法棒朝你点了一点，长胡子魔法师叽里咕噜念出一串咒语，灯神也如此这般一番施法，总之结果就是你一觉醒来愿望成真了。比如许愿变得幸福，那你就想象早晨醒来感到很幸福；许愿不要一直为恐惧所困扰，恐惧就真的消失了；许愿变得更果断，就如何如何。反正你应该能明白是怎么回事了。当然，不是说通过想象目标实现的场景，你的问题就会自动消失，但发挥想象力确实可以帮助我们打开令人惊奇的视角。

我知道，这样的好事听起来不太真实，但你可以大胆试一试。尝试想象早晨醒来的情形，要尽量具体，想想你睁开眼睛时会先注意到哪些变化：有没有比平时睡得好些？是不是醒来立即起身洗漱，而不是像往常一样翻个身关掉手机闹铃继续赖床？有没有多留点时间吃早餐？是不是亲手准备了丰盛的食物？吃完是不是还在阳台上喝了杯咖啡，甚至配上了舒缓的背景音乐？

接下来，你可以继续想象这一天的经历，并将脑海中浮现的细节全部记录下来。你可以主要围绕下面这些问题展开想象。

- **如果你的愿望以这种神奇的方式一夜之间成为现实，会发生哪些变化？**
- **你自身的行为会有哪些变化？你跟别人打交道的方式会不一样吗？你会不会打算做点目前还没做过的事情？你敢不敢尝试现在没有勇气尝试的事物？如果要试，具体是什么，多久一次，和谁一起？**
- **你的思维会有哪些变化？比如，你许愿自己少一些空想，那这部分思考的精力会用到哪里？你会怎样看待自身，怎样看待周围的人，怎样想象自己的未来？**

- **愿望达成之后，你的感受会发生怎样的变化？负面的感觉会消失吗，或者起码减轻了一些？如果用 0 ～ 10 来衡量，大概减轻了多少？有没有产生其他感觉？有的话，具体是什么样的感觉？**
- **你的身体感觉如何，是否放松了一些？如果用 0 ～ 10 来衡量，放松了多少？身体的痛感和其他不适有没有减轻，或者完全消失了？**
- **谁会察觉到你的这些变化，是你的另一半、家人、朋友、同事，还是邻居？他们具体是通过哪一点察觉到的，是你的状态、表情，还是言语手势？对于你的改变，他们的反应如何？**

现在你应该对目标达成后的情形多多少少有一点具体的概念吧？很好！这种神奇提问训练有以下三个方面的好处。

首先，通过想象、催眠或者虚拟现实一类的疗法，你可以体会到，模拟的情境和真实的情境引起的一系列感受、反应比较接近。当你尽量清晰地想象辛勤努力带来的积极反馈时，头脑中的奖赏系统也会相应地被激活。有意识地模拟达成目标时的满足感，就能提前强化行动力和耐力。例如，在顶着炎炎烈日打理草坪之前，花一分钟畅想自己坐在修葺一新的院子里，闻着淡淡的青草气息、喝着冰啤酒，的确会让接下来的劳动稍微变得好受一些。

其次，神奇提问法中的那些问题后续将成为你评估行动效果的标准。

如果你打算锚定目标、采取行动，那么现在写下的问题和答案会不断帮你校准方向。你想象的细节越丰富，实现目标的过程就越清晰。比如，你给自己定的目标是减轻焦虑，半年之后如果想知道有没有进展，你就可以对照自己写下的答案逐项评估。你可以想一想，自己的压力性头痛有没有减轻；早起的第一感觉有没有变得积极一些；开车的时候路怒症有没有减轻；等等。虽然对主观感受进行量化描述显得有点怪异、不严谨，但实际上它很有用。比如医学研究会用到疼痛分级量表，病患被要求对疼痛感进行评级，这样他们就能够更准确地描述身体的感觉，而不是仅仅给出“没那么痛了”这样模糊的回答。再比如，你把自己日常的焦虑程度评为 6 级（最高 10 级），通过神奇提问法设定的目标是降到 4 级，那么比起“我想变得不那么焦虑”这样的表述，你的目标一下子就变得具体可测了。

最后，这些检验目标是否达成的标准，大部分也正是达成目标的具体行动方向。设想一下，你发现通过神奇提问训练目标达成，你就会早早起床练习瑜伽，对工作当中的点滴成就不吝肯定自己，为了院子的篱笆鼓起勇气跟邻居交涉，重拾跳舞的爱好，多多微笑，等等。

现在换个角度想一想，假如你把明天早上的闹钟调早半小时（得克服惰性，闹钟一响就马上起床），起床后立即开始做瑜伽，绝不拖泥带水；在开始一天的工作之前，你提醒自己，无论今天取得的成果是大还是小，都要好好鼓励自己；下班后你很快去找了邻居，礼貌但坚决地请他修整一下他家过界的篱笆；到了晚上，你又给几个朋友打电话，约好周末一起去跳舞；看电视的时候，你特意选了一部喜剧，而不像往常那样选沉闷的纪录片——不管你信不信，看喜剧肯定更容易笑出来。

你能想象到，做完上面这些之后明天晚上你的感觉如何吗？你会不会觉得，接下来还会更好？实际上，想象目标达成引起的反应和达成目标本身是双向关联的：当我感觉变好了，我就会做出更多改变；反过来，当我进一步做出改变时，我的感觉就会越来越好。

再仔细看看你写下的神奇提问法中的那些答案，你能从中找出自己可以把控的内容吗？如果不能，你得试着让答案更具体一些；如果能，你能想象明天就把其中一两条付诸实践吗？

你如果想生活得更自由，那么在设定目标的时候就要更贴近 SMART 原则，通过确立可实现又有一定挑战性的目标，增强自己的成就动机。如果有什么问题你冥思苦想得不出答案，那么你不妨换个角度，在脑海中模拟一下问题解决之后的情形。中国有句老话“千里之行，始于足下”，但你也不能只顾低头走路，偶尔也该抬头看看远处的目标。

# 02 真的有人爱吃野茴香吗？

大胆尝试

## 真的有人爱吃野茴香吗？

大胆尝试

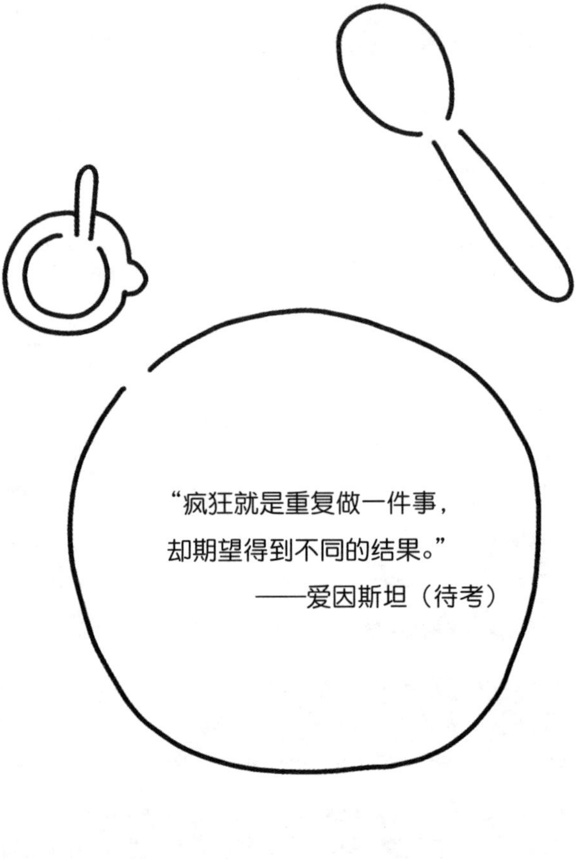

“疯狂就是重复做一件事，
却期望得到不同的结果。”
——爱因斯坦（待考）

你心里也很清楚：出于一些自己可能从未认真思考的原因，你总是回到老路上，哪怕到目前为止走这条路从没成功。

为什么许多人每到新年伊始就给自己制订严苛的节食计划，哪怕他们在过去 20 年里从来没有有效减肥？

我每天都因为前一晚睡得太迟、早上又起不来而懊恼不已，为什么一到晚上还是会躺在被窝里漫无目的地刷着手机直到凌晨？

为什么每次吃完饭，另一半完全没有主动刷碗的意思，我都只会默默吐槽自己承担了多少家务？其实我知道，他听了我的诉求也无动于衷，而我只能再次带着一肚子火气把碗刷了。

如果某种行为模式或者思维方式已经失败了 999 次，我们又没有充分的证据证明第 1 000 次结果会有所不同，为什么还要抱残守缺呢？

心理学家斯蒂芬·海斯创立的接纳承诺疗法（ACT）是一种以接纳为基础的心理治疗手段，其中经常用到一些隐喻，比如“铲子悖论”，具体如下。假设你掉进了坑里，必须利用身边一切可利用的工具让自己脱身，而你的背包里只有一把铲子。在这种情况下，铲子当然不好使，但你一心要出坑，也顾不得那么多，就开始奋力铲啊铲……某个时刻你突然意识到，这样下去压根儿没办法脱身，于是你告诉自己：可能是我不够努力，我得再加把劲。然后你就继续铲啊铲……从始至终你都没想过，也许有人会从上边经过，刚好带了其他趁手的工具，比如梯子什么的。即使有人从上边放下梯子，你可能也会说：我要这梯子有什么用？梯子又铲不了土，就不能给我一把大点儿的铲子吗？

人是习惯的奴隶，这话不假。我们摆脱不了旧的桎梏，难道真的仅仅是因为重复熟悉的东西是人的一种需求吗？还是说存在其他原因，使我们没有勇气尝试新的方法呢？

在进化生物学中，我们也许可以找到解释。你不妨在脑海中设想 200 万年前的情形：宁静的小山谷中生活着石器时代的一家人，虽然这里的食物不多，但是他们还是选择在此定居。每天的生活都没太大区别，男子出门狩猎，妇女打扫住所、照看幼儿（此时距离妇女解放还有一段时间），如此勉强糊口。相邻的山谷里也许食物更充足，但那儿说不定也潜伏着剑齿虎。

只要当前的方式足以维持生存，人们在求生本能的驱使下，就会倾向于继续使用传统的、熟悉的、（基本上）万无一失的手段，而不是去尝试全新的、陌生的、（说不定）冒险的方式。

现代社会仍然有许多人一辈子没离开他所在的国家或地区，甚至连村子都没出过。原因未必是不能，也不单是因为不习惯，而是出于对陌生的恐惧。尝试去海岛度假，万一飞机掉下来怎么办？万一在外面生病了，需要看病而语言不通怎么办？万一外面的饭菜不合口味怎么办？读到这里，你脑海里一定浮现出了某些熟悉的面孔，又或者你本人多多少少也有类似的担忧。如果是这样，那么恭喜你——你是个正常人。

心理治疗师保罗·瓦兹拉威克在他的《不幸福人生指南》一书中写过一个醉鬼的故事。有个人喝醉了，晚上在路灯下找东西，警察走过来问他在找什么，他回答说："找钥匙。"警察于是帮着他一起找，找了半天一无所获。过了一会儿，警察又问他是否确定钥匙丢在这儿了。醉鬼答道："没呢，没丢在这儿，丢在那后边了，可那边没灯看不见呀。"

## 方法5：少走老路

我们如果想要持续提高生活质量，就应该手持放大镜，仔细审视那些从过往经历来看无法指引我们走向成功的行为模式和思维方式。这一点说起来容易做起来难，因为我们并不习惯刻意思考自己的下意识行为。当下一次遭遇失败或者产生其他失落感时，你可以有意识地问自己以下三个问题。

- **我采取了怎样的方法？**
- **这种方法是以前用过的吗？**
- **之前用这种方法有效果吗？**

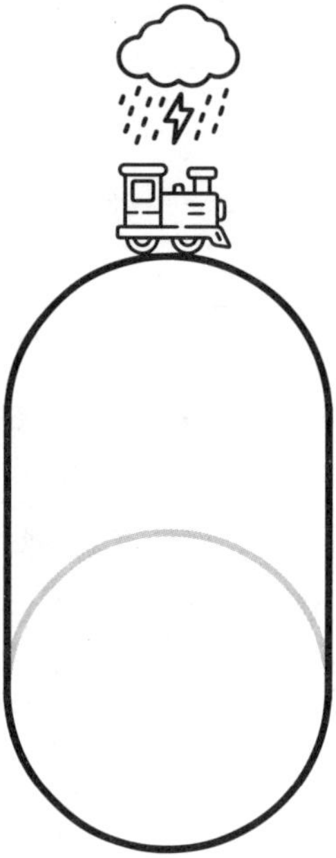

如果第二个问题的答案是肯定的，第三个问题的答案是否定的，那么解决方法就很简单了，简单到令人惊叹，那就是：换一种方法。瓦兹拉威克称之为“少走老路”。

读到这里，你可能会想：“真棒，我花真金白银买的这本自救指南，居然只是告诉我换一种方法?！”确实，这就是我要说的。但在你盘算着下次把这本书送给哪个烦人的亲戚之前，我希望你再考虑考虑。

当一种方法达不到预期效果时最好做一些改变，这当然不是什么开创性见解，但我们执行起来非常困难。在日常生活中，我们甚至完全意识不到自己一再重复着旧的行为模式。

假设你的生活是一条环形铁轨，你总是会经过一个废弃的工业区，那里空气中弥漫着恶臭而且雷雨交加。有一天，你发现了另外一条路线，沿途风景优美、阳光普照、花香袭人。但这条新路线从来没有人走过，铁轨上长满了植物，火车通行十分费劲。

虽然你觉得走新路线好得多，但走起来无疑更费劲——火车一路颠簸，把你晃得够呛。由于轨道是环形的，某些时候你又会行驶到旧路线上。在两条路线的岔道口，你就得做出选择：是继续沿着讨厌但熟悉的旧路线走，还是再次走上令人心旷神怡但不太熟悉的新路线?

当再次驶入新路线时，你会发现火车走得比上一次顺畅些了，并且走的次数越多，轨道磨合越好，直到最后你可以在新路线上轻松行驶。相反，旧路线上就会逐渐长满野草。

行为的改变是一个学习的过程。就像火车在新路线上行驶得越久就越顺畅，大脑内部也会随着每一次新体验的刺激形成更紧密、更广泛的联结，脑电波就能更高效地传导。

如果考过驾照，你还记得第一次练车的情形吗？当时是不是也觉得自己哪怕决心再大也永远学不会？后来是不是感觉开车变成了身体的机械反应，几乎不需要思考？学外语或者乐器也是这样。

物理治疗和心理治疗也都是学习过程。有时候只需要一次新体验就能将我们引入新的轨道，但大多数时候还是需要一定的训练才能确保不走回头路。因为旧路线并不会凭空消失，甚至时隔多年，你仍然有可能由于倦怠、疏忽或一些负面情绪在岔道口来不及认真选择，就匆匆走上老路。这时候，环形轨道的好处就体现出来了——你不必太过担忧，只要在下一次行驶到岔道口时注意观察信号灯，及时改道就好。

在认知行为疗法当中，行为实验颇受推崇。实验能检验特定的思维和行为模式，并测试不同情况下的反应。你并非要在一夕之间彻底改变行为，而是要把自己代入科学家的角色，通过调整某个变量来测试其对实验结果的影响。你要详尽记录和评估实验结果，把那些离预期结果更近的行为方式保留下来，并形成新习惯。

如果把这个过程比作烹饪，它就像是做野茴香煎鲑鱼，你每次买鲑鱼的同时就会买点野茴香。这样做仅仅是出于习惯，甚至可能是从你妈那儿学来的。但你有没有仔细想过，自己是不是真的爱吃野茴香呢？还是说一想到鲑鱼里不放野茴香，你就觉得不知所措呢？首先大可放心，没人要求你从明天起再也不准用野茴香做菜。实验的目的在于，你给自己设定一个时间节点，在这个时间尝试一下鲑鱼的其他做法。你要详细地记录所使用的调料，如果成品还不错，就多做几次；如果味道不理想，下次可以换掉其中一两种调料，实在不行还可以再按老法子加野茴香。但说真的，有几个人真的爱吃野茴香呢？

通过这种简单的实践，我们面对长期行为改变的心理障碍一般会大幅减小。如果一个想要增加社交的内向者先给自己设定一个小目标，比如第二天在公交车上找个陌生人攀谈，而不是立志一下子变成社交达人，那么改变会容易得多。假如你每天都紧赶慢赶地饿着肚子去上班，闹得一早上胃痛，那么你可以先试着在接下来的一个星期每天提前半小时起床，留出充足的时间吃早餐，这比笼统地告诉自己"要放慢节奏"更有效。

一年一度的新年计划总是完不成，原因就在于自我加压，把目标定得太高。比如，你在年末给自己定下规矩，来年只许在周末饮酒，并且每周只能喝一杯。但到了新年第一天，你又轻易说服自己，跟岳父岳母小酌了几杯，好好的计划就这么泡汤了。接下来想要再次鼓起干劲，就需要极大的动力和自律。行为实验则与计划执行不同，仅仅一次改变并不会与后续一系列任务捆绑。比如，你可以要求自己下次聚会无论如何都不沾酒，事后再对这种新体验进行评估，考虑是否愿意多尝试几次。可见，行为实验就是在惯常的行为方式之外尝试一种新方式——甚至是与惯例相悖的方式。

## 方法6：主动免疫

所谓主动免疫，指的是刻意激发那些一般倾向于避免的症状。你如果是个完美主义者，总是害怕犯错，就可以试着故意出一回错，比如在邮件中写错别字，在餐馆吃饭时打翻杯子，或者故意不系鞋带，等等。

是的，你没看错，主动免疫就是要你主动去做以往极力回避的事情。当然，只是作为实验，去试一些不会伤筋动骨的小错误就好。要是开车上环岛走错道被抓住了，你可千万别跟交警说是我让你去试错的啊。

如果你哪天敢于尝试不完美，而世界也没有像你担心的那样因此而毁灭，你就可以评估一下这种行为实验的影响。

- **这种“明知故犯”的行为是否对你的生活产生了负面影响？**
- **这种行为是否导致身边的人对你产生负面的看法和态度？**

- 周围是否有人注意到什么异样？
- 总体来看，你认为在完美主义的驱使下为了避免一些莫须有的后果所耗费的精力是值得的吗？

有时候，主动免疫还可以帮助我们发现意料之外的真相。比如，通常用于抑制某种症状的手段有时非但不能起效，甚至起反作用。早在一个多世纪以前，耶克斯 - 多德森定律就在老鼠身上得到了验证，而后又在人类身上重演。这一定律描述了动机（紧张、恐惧、压力等）和效率（生产率、效力等）之间的关系，二者呈现倒 U 形曲线。

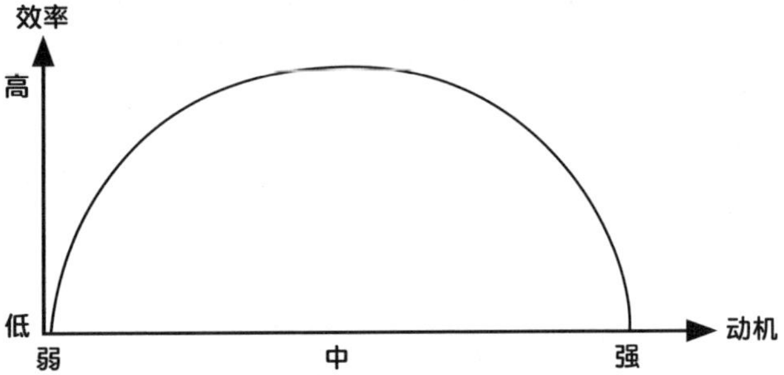


起初，随着动机增强，效率会上升；但当动机超过一定限度之后，效率会迅速下降。因此，动机只有在一定限度内可以提高效率。

想象一下，你在自动贩卖机上买了一杯咖啡，然后走回办公室，边走边想着该买新鞋子了。此时，咖啡在路上洒掉的概率有多大？并不大，对吧？再想象同样的情景，只是这次你脑子里只有一个念头：千万不能把咖啡洒了！猜猜结果会怎样？当你刻意关注某个下意识行为时，压力会陡增，身体会紧张起来甚至发抖，回办公室的路突然变得漫长。

很多人都会下意识地告诉自己：千万不能犯错。极端完美主义者往往不太理智，他们甚至担心一次犯错之后一发不可收拾。从这个角度来说，主动免疫实验可以帮助我们认识到，不那么完美的方法不仅能减少焦虑，甚至更容易带来成功。

我的患者当中有一位社交恐惧症患者，同事每次开玩笑时他总是笑不出来。一直以来，碰到这样的情况，他总是暗暗告诉自己：“我必须给出恰当的反应才对。”这样一来，他反而一听到有人开玩笑就局促不安。他对自己的预判最终成为现实，结果就是由于慌张而完全笑不出来。于是，我给了他一个建议：下次同事开玩笑的时候，坚决不许笑。他一听很生气，觉得这样做只会让情况更糟糕。后来我们再见面的时候，他却骄傲地告诉我，他不再害怕听到同事开玩笑了。主动免疫实验的结果令人惊叹：他在禁止自己发笑之后竟然笑得前所未有地开心，自那以后他的社交障碍也就消失了。

可见，有时候你掉进坑里，用铲子一直刨土也会有用的，那就是铲子最后会被刨断。

## 方法7：休假机制

行为实验还有另外一个版本，就是休假机制。你可以想象自己从造成困扰的事物中解脱出来，让问题“休一天假”。可能某天你早早起床，告诉自己今天要让老板施加的压力“暂停”一天。当然，很可能你的老板这天并没有消停，还在不断刺激你焦虑的内心；但你千万不能被影响，因为今天是压力休假日，就算生气你也要等第二天再跟他好好掰扯。

听起来不太现实，对不对？我们当然不能靠欺骗自己来掩盖生活的真相，毕竟老板不会因为我发挥想象力就凭空消失。但这种限定时间的实验，比如就试一天，也可能会带来意外的收获，最终催生一些有趣的认知，并对你形成长期的积极影响。

如果觉得我之前的建议“换一种方法”现在听起来没有那么傻了，你不妨试一试上面提到的这些行为实验。

## 方法8：顺其自然

在各种系统疗法当中，你可能会听到同一个建议：试着放手，顺其自然。

- 以抛硬币为例，如果字面朝上，你就像平时一样给恋人打电话，事无巨细地询问他今天的行踪，直到他发脾气，觉得你问得太多、太黏人；如果花面朝上，你就换一种方式，比如一天只跟他联系两次，并且是发短信，忍住不煲电话粥。
- 再比如，你可以交替使用新旧两种方式来做同一件事：周一、周三、周五跟平时一样，和家人一起边吃晚餐边看电视，周二、周四、周六不看电视。

通过这样的实验可以找到以下问题的答案。

- **哪几天我和恋人沟通比较愉快？是硬币字面朝上还是花面朝上的日子？**
- **什么时候家庭晚餐时间质量比较高，单日还是双日？**

一般来讲，那些带来更好结果的行为方式就是应该多次重复的。

在面对一些重大问题犹豫不决时，我们也可以顺其自然。哪怕硬币花面朝上代表你要放弃最喜欢的东西，也不用担心，你未必就一定要这么做。行为实验主要是让我们更接近自己的直觉，如果扔出花面朝上你感觉不对劲儿，那就再来一次，直到扔出字面朝上。这下是不是感觉对了？

## 方法9：行为实验报告

认知行为疗法一般认为，患者通过行为实验来验证某个结论时，要做好书面的事前准备和事后总结。你可以参考以下范例。

**实验前：**

- **你希望通过行为实验来验证哪个结论？例如：我如果当众发言，就会出洋相。**
- **尽量详细地描述你希望实施的这个行为实验。例如：我主动申请在下次例会上汇报季度业绩。**
- **在实验中你希望避免以往哪种行为？例如：临阵脱逃，请病假，不敢跟听众进行眼神接触，拿着稿子照本宣科或者语速飞快。**

- 你设想实验过程中会发生什么？例如：我会语无伦次、浑身发抖、满头大汗，极其丢脸。
- 你怎么判断自己的设想成为现实？例如：我的发言糟糕透顶，同事都嘲笑我，老板事后还训了我一顿。
- 你的设想应验的概率有多大？例如：75%。

实验后：

- 实验过程中发生了什么？例如：我一开始特别紧张，看了好多次稿子，后来就注意跟听众进行眼神交流，整个发言过程没有太大的问题。
- 你的设想成真了吗？例如：没有。同事没有嘲笑我，他们大多数时候关注屏幕上的内容或者看手机，没怎么注意我。发言完毕之后，老板对我示意，然后会议就进入下一个议题。
- 你觉得下次你的设想应验的概率有多大？例如：10%。
- 现在让你重新提一个更切合实际的设想，会是什么？例如：我如果当众发言，可能一开始会有点紧张，但这并不代表我一定会出丑。

你如果现在觉得这些都太小儿科了，提不起兴趣，那么可别忘了，你的目标不是作业本上的一朵小红花，而是提高你的生活质量。好吧，这听起来可能又有点儿像说教，那我这么说吧：在行为治疗当中，书面记录往往是卓有成效的。

既然你现在已经知道，新年计划很可能又会像往年一样流于口号，那就记住这一章提到的核心原则：有必要对行为的效果进行定期回顾，磨刀不误砍柴工。当然，要是某个行为达不到预期的效果，拜托千万要换一种方式。

# 03

# 我们去海边吧！

## 做出决定

**我们去海边吧！**

## 做出决定

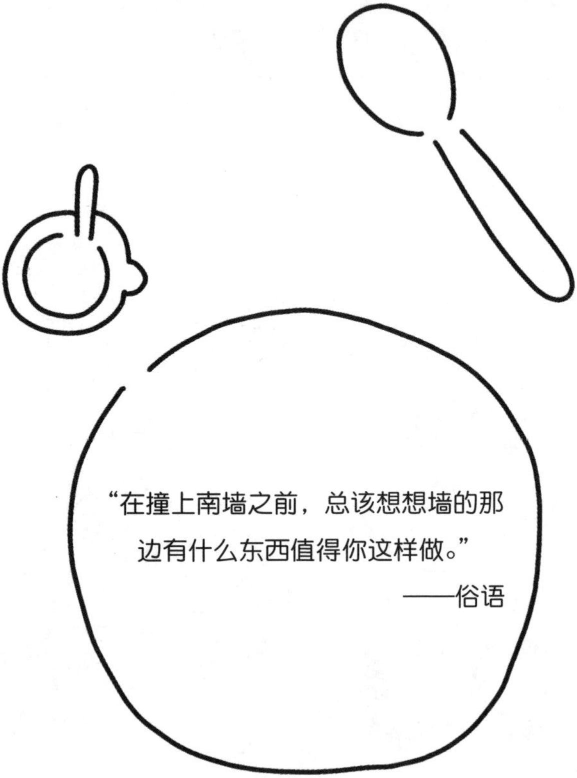

“在撞上南墙之前，总该想想墙的那边有什么东西值得你这样做。”

——俗语

我们假设你现在刚好遇到一个问题，它可大可小。比如，对目前的亲密关系不满意，或者不知道该如何应对老板提出的要求，抑或没想好晚饭吃什么。当然，这里列举的问题对你的生活质量有着截然不同的影响，但问题就是问题，总归是人类不大喜欢的。

一般来说，不论问题的复杂程度如何，我们的第一反应都是二选一：要么立即采取应变措施；要么采用拖延战术，对问题视而不见，承担下次继续焦头烂额的风险。对于第一种方案，做出改变的这个举动本身往往就会耗费大量精力。一旦我们鼓足劲头下定决心，接着就会自然而然地马上投入行动。俗话说“趁热打铁”，就是这个道理。此时不行动，更待何时？这种行动力对我们当然是有益的，前提是我们能够把改变的动机自觉转化成有益的行动。

举个例子：我对目前的亲密关系不太满意，某天醒来我决定改变点儿什么，并且把脑子里闪过的第一个念头立刻付诸实践。如果我的第一念头是放弃成为足球冠军的梦想，每天下班后就不再参加训练（说实话，训练主要是和队友一起喝酒）。这样一来，我就有了更多时间陪另一半。如果这种改变起了作用，我和伴侣的关系确实有所改善，那就证明我的想法是对的。通过这种方式，有时我们可以更加快速、简便地解决问题。

当决定积极做出改变时，我们可能会陷入行动主义，有时它可以帮助我们克服对改变的抗拒感，但更多时候并非如此。跟随直觉的行动不一定会导向最好的解决方案。比如，今天天气很糟糕，导致我心情也不好，恰巧雨伞又坏了，理论上我当然可以凭第一感觉，不顾一切订张机票飞往加勒比海，不过最多等到我降落在巴巴多斯，收到老板和家人的若干未接来电和短信轰炸，我终究会意识到这次说走就走的旅行可能考虑欠周全。且不说，我的逃离计划完全没有考虑眼下正是加勒比海飓风多发的季节。

也许你也有过类似的体验，制订一个绝佳计划之后迫不及待地投入行动当中，回过神来却发现事与愿违。

比如，我信心满满地给自己设定每日运动计划，然后立即换上装备，打开运动必备歌单，兴致勃勃地出门跑步。我挣扎着跑完这一时冲动定下的 10 千米，累瘫在终点，脸上虽然带着满足的微笑，但是浑身肌肉酸痛并且至少得一个星期才能恢复。

很多学生也容易落入行动主义的陷阱。他们一旦下定决心准备期末考试，就会马上抓起一本书埋头苦读。但随着考试日益临近，他们会发现用这种方法根本来不及学完所有的内容，还是选择性学习的效果更好。

因此，在积极投入行动之前，我们应该谨慎考虑。有个简单的结构化方法可以让我们避免掉入行动主义的陷阱，那就是在匆忙动手之前，对问题进行分析，并且把分析的情况记录下来。

## 方法10：按照四象限法则列出待办事项清单

要想在开始之前搞清楚有哪些工作需要完成，你可以列一个待办事项清单。现在有一些制作精良的 App（手机应用程序）可以对事项进行分类分级，还可以同步关联日历，方便执行。也可能你比较偏爱写在纸上的清单（比如在墙上贴小纸条），或者古老的“结绳记事”。

无论用哪种方式，重要的是一以贯之，尽量不要中途更换，并且最好随手可用。你可能在某个时刻突然想起还有什么事情没完成，这时你就要尽快将其记录下来。对大多数人来说，手机是比较方便的，因为随时带在身边。你如果觉得 App 操作起来有点儿复杂，也可以直接用手机自带的备忘录。

列清单的关键在于排序，先做什么后做什么：是直接按照时间顺序？有没有特别紧急的？通常，关于时间管理的书中都会提到艾森豪威尔法则，据说该法则源自美国前总统德怀特·戴维·艾森豪威尔。具体来讲，你可将清单中所有待办事项按照重要性和紧急程度两个维度分为四类。

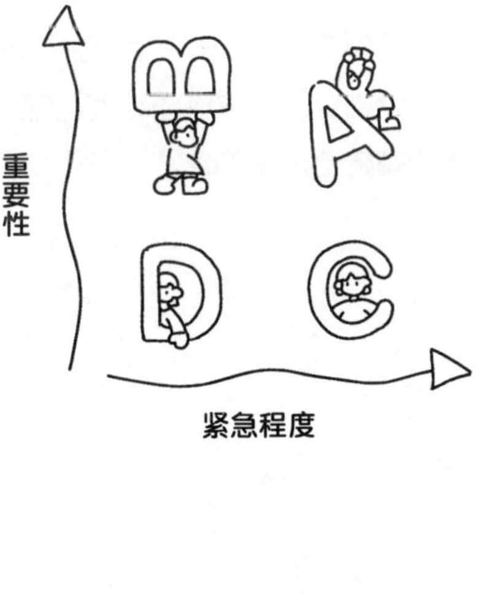

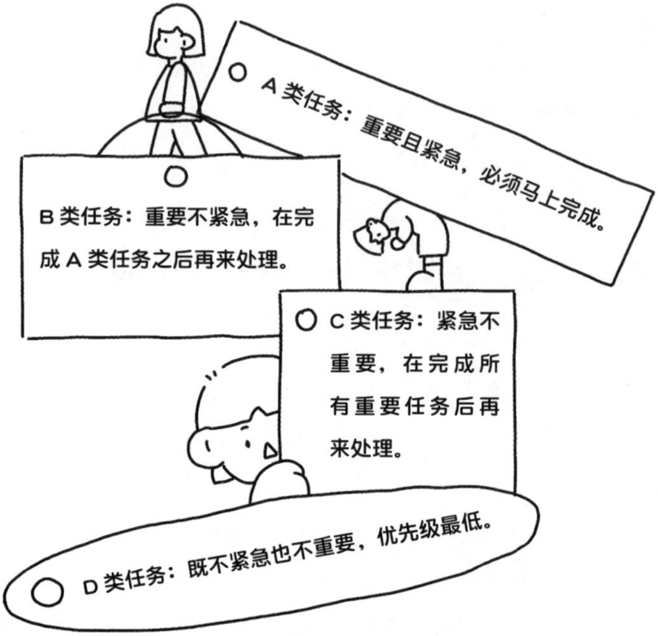


你如果想试试上述方法，那么可以给每件待办事项标注 A、B、C、D，或者把它们直接按照 A → B → C → D 的顺序排列。

下次拿不定主意时，你就可以浏览一遍待办事项清单。当你潜意识里知道自己没有遗漏任何重要事项，把所有待办事项都牢记在心时，任何纠结都显得多余。你坚持使用清单越久，这种效果就越好。

读到这里，你可能会说："很好，很棒，可我还是不知道晚餐该吃鸡肉烩菜还是速冻比萨。"

## 方法11：四宫格对比分析法

面临多个选择时，对比分析不失为一个简单有效的方法。分析时，我们可以把每个选项的优劣都摆出来，根据其重要性加以区别，比如在 -10 ～ +10 范围内给每一项判分。

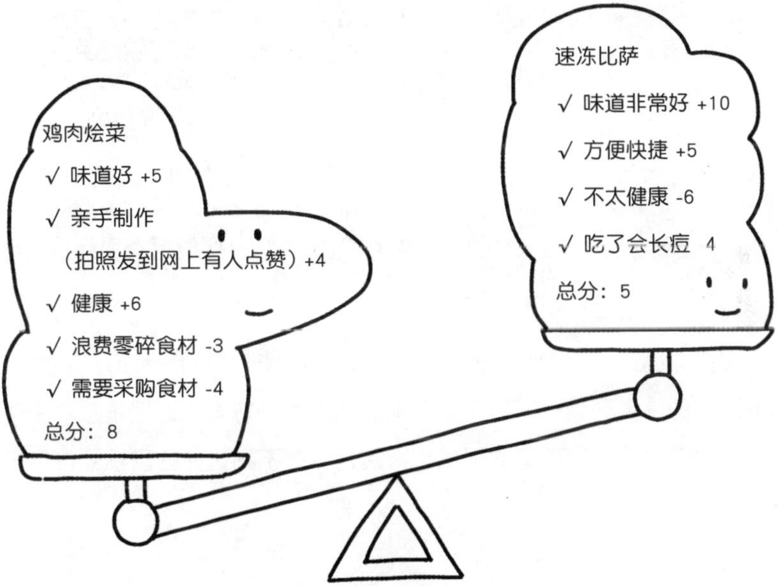


四宫格法则同样适用于做重大决定，下表就是“维持现状”和“做出改变”两种选择之间的优劣对比分析。

| 优劣对比 | 好处 | 坏处 |
| --- | --- | --- |
| **维持现状** | 当前生活状态的短期和长期优势 | 当前生活状态的短期和长期劣势 |
| **做出改变** | 改变带来的短期和长期优势 | 改变带来的短期和长期劣势 |

通过深入分析某种情况，我们可能会有新的收获。比如，你在考虑是否要辞职时，可以像下面这样列个表格。

| 优劣对比 | 好处 | 坏处 |
| --- | --- | --- |
| **不辞职** | 收入稳定，同事关系融洽，通勤便利，聚餐时可以喝到酩酊大醉 | 老板施加压力，工作内容单调，缺乏上升空间，聚餐时人人都喝得醉醺醺的 |
| **辞职** | 对老板说出心声，可能（从新工作中）获得更多认可和满足 | 求职有压力，再就业难，可能会承受经济压力 |

即使你确定自己想要改变点儿什么，也可能一想到种种麻烦事就觉得吃不消，仿佛要翻越一座看不到尽头的高山。一方面，你很难想象究竟该怎么翻过去，另一方面你的视线也被遮挡，看不到远处的目标。一旦失去目标，就很难保持干劲。

如果你现在可以在这座山的总体积维持不变的前提下把它等量划分成若干小土坡，那情况一下子就不同了。你已经想到了爬第一个坡的具体办法，同时你也能看到最终的目标。这样一来，每一段爬坡的路程都一目了然。

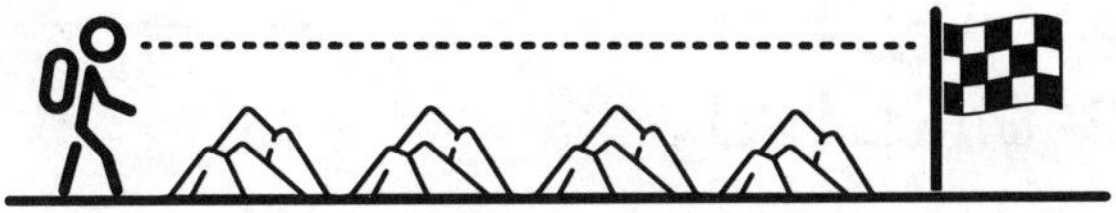

## 方法12：阶段性计划

你如果打算执行一个长期计划，那么应该先设定相应的阶段性计划。比如，在开始复习之前，学生需要设立清晰的阶段性目标，制订详细的阶段性学习计划。

- **各阶段可以按内容或时间来划分，比如计划今天学第三章，或者学习两个小时。**
- **合理的时间表应该留有一定余地，用来应对不可预见的干扰和变动，以及查漏补缺。**
- **时间可以渐进式安排，也可以倒排。渐进式安排以当前为起点，依次分配每个阶段的时间，直到考试来临；倒排则以考试日为基础，倒推每个阶段的时间。**

举个例子：在时间轴上标出考试日，如果在考试前一天习惯放松一下，你就要在这之前完成全部复习任务。这样推算，考试前三天进行总复习，剩下的时间根据学习内容合理分配。为保险起见，中间再留出一个休息日和一个缓冲日。那么假如两周之后有一场考试，需要准备的内容有四章，倒排时间表如下。

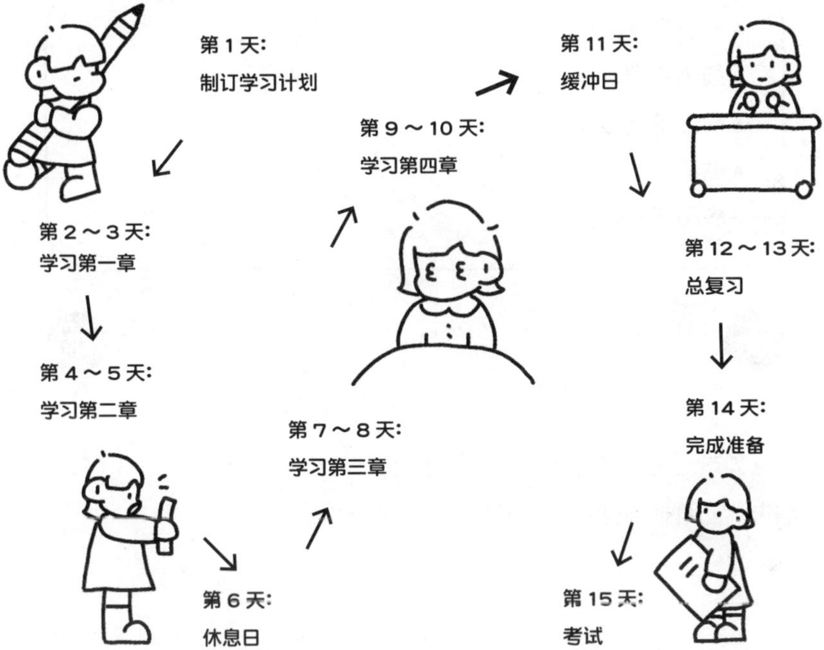


当然，倒排时间表也可以用在其他方面，你不妨一试。

想要条理分明地解决问题，还可以运用系统性指南。比如，有一种问题解决训练建议通过以下五个步骤来处理问题。

- 定位问题。
- 描述问题。
- 确定备选方案。
- 做出决策。
- 应用和检验。

这种方法在应对恐惧、压力、沮丧等情绪方面十分有效，也可以用于日常生活的其他方面。

## 方法13：七步问题解决训练

根据传统的行为治疗方法，我建议你按照以下七步来做。你如果刚好有个问题需要解决，可以尝试用这个方法，并把每一步的感想记录下来。

**1. 定义问题**

虽然这听起来可能有点奇怪，但我建议你在着手解决问题之前，花点时间用一句话准确概括你的问题。

编剧在正式开始写剧本之前，有时会花长达一周的时间来拟剧本简介，即对戏剧的简短总结，通常只有一句话。这样做的目的是从一开始就确定戏剧的主旨，剧本的内容也会和它反复呼应，以免偏题。可见，及时、准确地提出问题可以节省很多时间和精力。

> 例如：同事托比时不时会在我们共同认识的人面前说起有一晚我在酒吧酒后出丑的尴尬场面，讲得绘声绘色。每次我都觉得自己像个活靶子一样，成为托比取乐的对象，却只能忍气吞声。

**2. 目标描述**

目标、愿望的表达和准确定义问题同样重要。通过解决问题，你想达到什么目的，满足哪些需求？然后呢？目标描述同样是越精确越好。

例如：我希望以后不要再被托比拿来当笑话讲。

### 3. 寻找解决途径

直到这里，收集解决方案才是重点。这一步，我们要像头脑风暴一样尽可能全面地罗列各种解决办法。除了把各种可能的选项按一定顺序排列，你也可以制作一张思维导图。

取一张纸，在正中间写上你的问题和目标，然后向外发散，写出所有的可能性。刚开始选项不必排序，你愿意的话也可以征询别人的意见，或者想象一下你认识的人面对同样的情况会怎么做。

这一步主要是搜集尽可能多的解决方案。你要把那些你觉得不切实际的想法也写下来，另外必须把“什么都不做”也作为一种方案写下来，哪怕你实际上完全不会考虑这个选项。重要的是，要意识到“什么都不做”本身也是一个决定。我们往往为了拖延决策而选择逃避，实际上你不可能不做任何决定。当搁置一件事时，你其实已经做出了决定：决定（至少暂时）什么都不做。

例如：

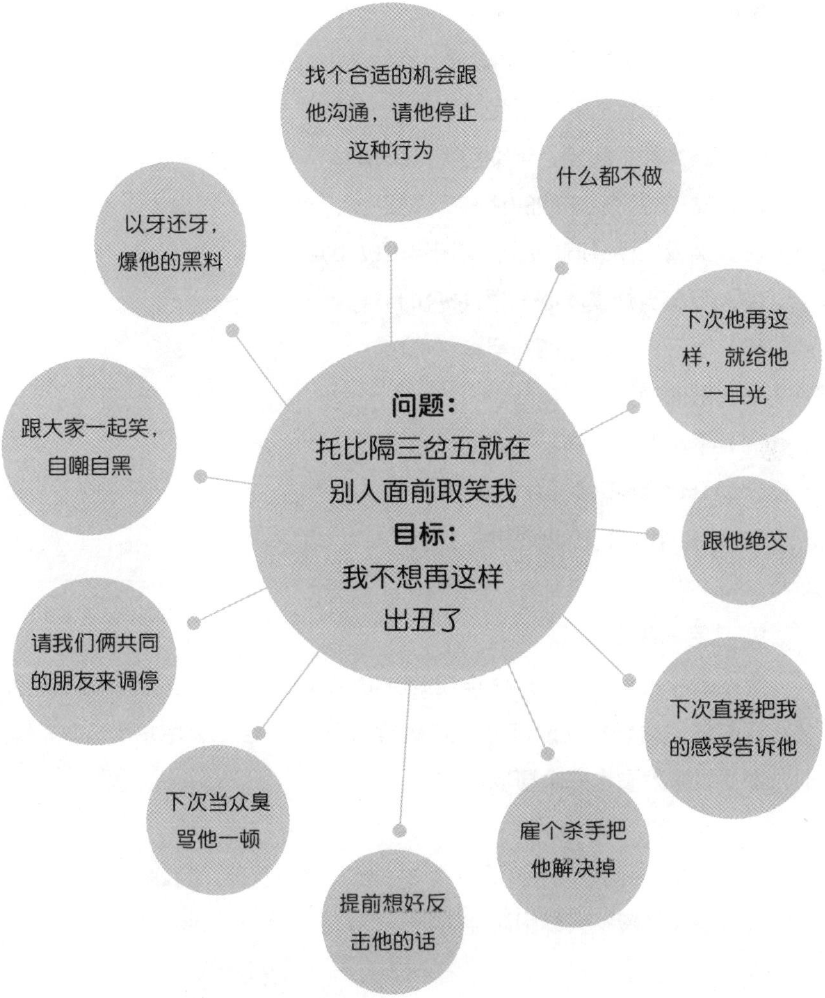


**4. 对选项进行评估和排序**

你要浏览一遍所有选项并对它们进行评估，看哪一个最有助于解决问题或达成目标。你愿意的话，还可以给每个选项赋值，比如按照成功的概率从 0 ～ 10 进行评分，最后根据评估结果来排序。

例如：

（1）找个合适的机会跟他沟通，请他停止这种行为（8/10）。

（2）下次直接把我的感受告诉他（7/10）。

（3）跟大家一起笑，自嘲自黑（6/10）。

（4）提前想好反击他的话（6/10）。

（5）请我们俩共同的朋友来调停（5/10）。

（6）下次当众臭骂他一顿（5/10）。

（7）以牙还牙，爆他的黑料（4/10）。

（8）跟他绝交（4/10）。

（9）下次他再这样，就给他一耳光（3/10）。

（10）什么都不做（1/10）。

（11）雇个杀手把他解决掉（1/10）。

**5. 选定一种方案**

最终做决定时，你应选择排在第一位的方案，也就是成功率最高的那个。有时候也可能排在最前面的方案恰好你做不到，或者执行成本太高，那么选择候补方案也完全可以。

例如：我会优先尝试方案 3（跟大家一起笑，自嘲自黑），因为我觉得这样最不容易引起冲突。

**6. 执行选定的方案**

你认真选择了某个方案之后，就可以付诸实践了。

例如：下次托比再取笑我的时候，我会从容而幽默地应对。只要大胆自嘲，我就能笑到最后。

### 7. 结果评估

请评估你所采用的方案对解决问题和达成目标的效果如何。如果问题没有解决，请回到第 5 步，选择候补方案；如果问题解决了，请务必记住这次成功，以后遇到类似的情况就知道该如何应对。最后，想想你要怎样奖励自己这次的成功。

例如：自嘲不失为一个好主意，但不能引起托比足够的重视，所以还得回过头去另想办法。

我觉得这样也不错：按照方案 1，我冷静而坚决地请托比以后不要再拿那件事来打趣。这次我成功了，原来他完全没有意识到自己的行为对我造成了困扰。听了我的话之后，他很尴尬，马上答应了我的请求。所以下次如果别人的行为伤害到我，我会及时说出来。作为这次成功解决问题的奖励，我决定下次去酒吧的时候小酌几杯。

可见，当面临困难的工作或者艰难的抉择时，我们应该首先花点时间全面地分析问题，分清主次，整理和选择合适的解决方案。经过以上过程，如果你还是很想直接飞去巴巴多斯，那当然是你自己的决定。顺便提一句，6—11 月是当地的飓风季。

# 04

# 水下的教室

## 推动改变

**水下的教室**

推动改变

“不必总想着掉转车头，
有时只要微调螺丝即可。”
——赫尔穆特·格拉塞尔

有没有一些行为是你明知对自己没有好处，却一直戒不掉的？比如：吸烟，既不健康，（说实话）也不炫酷；对着电视不知不觉就吃掉整包薯片；抑制不住地频繁刷手机，只为看一眼刚发的微博有没有多几个赞。

反过来，有没有一些行为是你明知有好处，却总也坚持不下来的？比如定期运动、健康饮食或者每天给自己留出片刻放空的时间。

有没有一些场合，你无论多努力都觉得无所适从？比如：你在学习或工作时频繁走神，无法集中注意力；下班后无法真正得到休息，一直想着没完成的工作；深夜难以入眠，只觉得脑子里混乱嘈杂。

你当然可以尝试改变自己的行为或者态度，本书其他章节也提供了许多可供参考的调适方法，但本章主要关注的是上述情况本身。

所谓刺激控制，是指对能够激发特定行为反应的某些场景人为施加影响，通过改变这些情境，降低非期望行为的发生概率，同时提高期望行为的发生概率。如果想摆脱某种行为，你就要从刺激分析开始。第一步，思考一下，日常生活的哪些方面会触发你的这种非期望行为。我们往往意识不到这种触发因素，所以有必要进行系统的自我观察。你可能需要花一周的时间来观察每次非期望行为出现的时间，并记录当时的情境。第二步，决定你是完全消除、减少还是改变这些触发因素。有没有可能通过改变情境的某些方面来降低非期望行为出现的概率？有时，我们只需要对日常生活做出小幅度调整，就能带来积极的变化。

我下面提到的这些负面行为，包括烟酒摄入过量、不健康饮食和过度使用社交媒体，可能你都不涉及，那样当然再好不过了。但这些方法你依然可以借鉴，用于对你想要摆脱的其他行为进行刺激控制。

## 方法14：烟瘾的刺激控制

如果想少抽烟或者戒烟，你不妨试试下面的方法。

- 如果习惯在无聊、等公交车或者茶歇的时候抽烟，你可以寻找替代活动，比如提前下载手机游戏、电子书，或者随身携带敏捷训练玩具、减压玩具。总之不要让你的手闲着，你自然就没工夫抽烟了。无聊的时候你可以嚼口香糖，但得是无糖的，不然这又会引起其他问题。嘴里嚼着口香糖，香烟就没那么有吸引力了。
- 你如果和朋友一起出去的时候抽烟很频繁，下次出门就记住把烟留在家里，最好别在外面买，也要跟朋友们说好不许接济你。

- 你如果真心想戒烟，就把家里所有香烟和能勾起你烟瘾的东西都处理掉，包括打火机、烟灰缸等，免得自己像巴甫洛夫的狗一样，一见到这些东西烟虫就开始蠢蠢欲动。
- 此外，烟盒上那些你极力无视的警示图片，还有“吸烟有害健康”这一警示语，也都是官方的一种刺激控制方式。

## 方法15：酒瘾的刺激控制

如果想少喝点儿酒，你可以试试下面的方法。

- 要是觉得自己一口渴就想喝酒，你可以在参加聚会前多喝点儿水。
- 如果你一打开冰箱看到啤酒就想来一瓶，那就把酒放到视线以外的地方，比如地窖。
- 如果你并非品酒的行家，家里就不需要一个大酒窖；如果你确实是行家，那就更不需要，因为作为行家的你肯定知道“小酌怡情，豪饮伤身”。
- 要是你晚上只想喝一瓶啤酒，那就只拿一瓶。
- 要是你不忍心倒掉剩下的半瓶或半杯酒，想着干脆喝掉算了，那就只买小瓶装或者用小酒杯。

- 如果不擅长拒绝别人，你就得小心保持自己的酒杯一直不空，因为酒桌上总有那么几个“倒酒侠”，一个不注意他就又给你斟满了。所以你可以上半场按兵不动，这样即使是“倒酒侠”也没法儿往满杯里头再倒酒啦。等你的冰啤酒晾成了常温的，你就可以顺理成章地再换一杯冰的，或者你也可以把酒和软饮交替着喝。

## 方法16：不健康饮食的刺激控制

如果想少摄入高热量食物或甜食，你可以试试下面的方法。

- 要是觉得自己吃饭太快、吃得太多，不容易产生饱腹感，你可以试着放慢速度。你可以用小一号的餐具，或者吃饭时旁边放一大杯水，提醒自己边吃饭边喝水。
- 吃饭的时候远离手机、收音机、电视，拒绝“电子榨菜”。
- 哪怕是一个人吃饭，你也有必要好好布置餐桌，不要坐在地毯上对着电视屏幕吃饭。
- 如果由于无聊、习惯或心情不好而想要暴食或者吃垃圾食品，那你就得想办法增加自己获取大量食物的难度。如果想戒掉甜食，你就不要在家里囤甜食；那些只有在特别的日子才会端上桌的美食，平时就不要随便吃；还有，买巧克力的话，选择分量最少又最贵的，不要选买二送一的家庭装。

- 采购之前认真列好清单。
- 画重点：吃饱了再去逛超市。

## 方法17：刷手机的刺激控制

如果你控制不住自己，频繁查看社交软件、短信或邮件，一旦手机电量不足就开始焦虑不安，那么你大概率患有错失恐惧症（fear of missing out，简称 FOMO），即由于担心错过虚拟世界的动态而一直查看手机。如果想减少刷手机的时间，你可以试试以下方法。

- **认真问问自己，一天当中究竟需要查看几次邮件；如果三次足够，就设定三个时间点，除此之外的时间禁止查看邮件。**
- **删掉手机主界面的社交软件和邮件应用图标。**
- **调低移动数据使用上限，或者设置特定时间段应用锁定。**
- **如果无聊想刷手机，要提前想好替代方案，比如听有声书，一有空就可以接着听。**

- 与伴侣、家人约定“禁手机时间”（如晚餐时间）、“禁手机区域”（如卧室）、“禁手机活动”（如外出就餐），在此期间大家把手机都上交，收到盒子里。
- 设计一个游戏，比如和朋友外出时，所有人把手机叠放在桌子中间，第一个忍不住碰手机的人要请大家喝一杯。

## 方法18：开动脑筋，克服惰性

如果希望提高期望行为的发生概率，你可以先行一步，问问自己有什么是你能够主动改变，从而使你离目标更近的。例如，想要养成运动的习惯，就得提前排除偷懒的种种理由。

**理由：**

天气这么差，没办法好好跑步。

⬇

准备好适用于各种天气的运动服。

**理由：**

现在下班一路塞车，回家换了衣服再去健身房，这不是为难自己吗？

⬇

直接把运动服放后备厢，随用随取。

**理由：**

想锻炼？呵呵，恐怕不行，你的运动裤还在脏衣篓里呢。

⬇

拜托，多买一条裤子吧。

就像上面这样，提前做好准备，把执行期望行为的阻力降到最低。

## 方法19：通过刺激控制来推动期望行为

如果一时难以适应新的行为方式，平时总是忘记这样做，你可以尝试以下方法。

- **借助外力，比如设置手机提醒，在厨房里张贴日程，或者在其他显眼的地方贴上小纸条，反复提醒自己。**
- **想象新行为即将带来的积极影响，以此激励自己。比如，你打算学西班牙语，这样下次去西班牙旅行时可以用当地语言点菜，那么你可以在房间里挂上巴塞罗那风景画，或者把手机壁纸、电脑桌面都换成关于西班牙的图片。**
- **一般来说，如果你主动声明自己的计划，那么成功的概率会有所增加。比如你把目标告诉身边的人，发条相关微**

博，或者给自己写一封信，这样就对你形成了某种约束。

- 如果认真考虑后决定要达成某个目标，你还可以故意“切断”自己的退路。比如：和朋友打赌，看自己能否说到做到。
- 如果你和认识的人约好一起做某件事，那么你的热情会更高。当知道有人在等你一起运动时，你就很难继续躺着了。
- 对我们来说，取消一个无聊的预约，比如跟牙医或税务顾问见面，比打破一个看起来对自己很重要的计划要困难得多。当我们发现自己的行为不仅与个人有关，还会影响到别人时，心理障碍就会大大增加。但扪心自问，这种想法是不是有点傻？难道你的牙医就比你自己更重要？

我有一个很有效的小技巧，用来帮助满足我的个人需要，叫“与自己的约定”。比如，你在工作和家庭以外想要给自己留出一点时间和精力，就可以跟自己预约，就像约牙医一样。即便这看起来有点儿怪，也请你把自己的名字写在日程表上，最好在手机日历里设置定期提醒。如果日程表上某个时间会被定期占用，你自然就不能在这个时间段安排别的事情了。就像你对另一半和孩子说：“这会儿我没空，我约了牙医。”同样地，你也可以告诉他们：“这会儿我没空，我跟自己有约。”

有一个公认的比较奇特的实验：让一组潜水员在水下记忆一系列词语，他们在水下回忆的效果比在陆地上更好；而让另一组潜水员在陆地上记忆同样的词语，他们在陆地上回忆的效果则比在水下要好（见下表）。

这种现象被称为“情境效应”。当我们身处的情境与学习某一知识的情境相似，从记忆中调用这一知识就会更加容易，这也是学生最好在与考场环境接近的场所学习的原因。因此，在安静的房间、坐在书桌前学习要比在嘈杂的聚会上或者躺在床上看书效果更好。为了在学习时更好地集中注意力，在休息时高质量地放松，我们需要清晰地区分学习环境和休息环境，两者尽量不要交叉。

## 方法20：通过环境区隔来集中注意力

如果想在学习或工作时更好地集中注意力，你就要注意营造有助于集中精力的学习和工作环境。

- **用来学习或工作的空间最好是专用的，不要在厨房或沙发上工作，因为你的潜意识会把这些地方跟“放松”联系在一起。**
- **全家福、孩子的涂鸦等这些与休息时间相关的物品如果出现在办公桌或者电脑桌面，也会妨碍你完全进入工作状态。**
- **把所有可能分散注意力的设备都关闭，如果你的工作不需要用到手机，那你就不要把手机带到工作的地方。**

- 研究一下人体工程学，看看你的坐姿、离屏幕的距离、显示器的高度有没有调到最佳状态。人体工程学关注的就是如何优化工作环境，使其适合每一个工作者，并且不会损害他们的健康。

## 方法21：通过环境区隔来平衡工作和生活

如果希望下班后充分休息，你就要注意不让工作侵入你的休息环境。

- 尽可能保持上下班时间固定，非必要不加班。
- 不要把工作带回家，这也意味着不要把与工作直接或间接相关的物品，比如文件夹、工作手机、笔记本电脑、钥匙、胸牌、工作服等带回家。
- 也可以把与工作有关的物品用箱子装好放在车库或者玄关处。
- 如果不得不使用私人笔记本电脑或手机处理工作，那么你可以建一个新账户，用不同的桌面壁纸加以区分，避免存储任何个人数据。

- **如果你不需要 24 小时待命，下班后就把邮件提醒关掉。很多手机都支持双卡，你可以设置仅在特定时间段启用工作号码。如果你的老板希望你 24 小时在线，那你应该对自己好点儿，考虑换个工作。**
- **为了帮助你的潜意识在工作环境和休息环境之间顺利切换，你可以采用一些小仪式作为过渡：下班路上简短地回顾一天的工作，然后关闭上班模式；大声唱出你休息时最喜欢的歌；下班之前甚至进家门之前（比如待在车里时），做一点简单的放松活动；冲个澡或者洗把脸，洗去工作的疲惫；和家人聊聊这一天。**

刺激控制对改善睡眠也十分有效。要让“床”这个环境仅仅与睡眠和休息关联，这是最好的。但通常我们还会在床上查邮件、玩手机、聊天、打电话、吃东西、工作、学习、看电视、读恐怖小说或生涩的专著……这些活动需要我们激活大脑中负责运动、思维或者情感的区域，久而久之“床”就和大脑活跃状态联系在了一起。我们往床上一躺，潜意识就会进入活跃状态，哪怕我们真的只想睡觉。一些睡眠障碍患者甚至看一眼床铺就会血压升高。

## 方法22：通过环境区隔来提高睡眠质量

最有效的睡眠治疗方法往往都围绕着如何排除不利因素，让患者的潜意识将“床”和“休息”关联起来。如果希望改善睡眠质量，你可以试试下面的方法。

- 真的有困意才去睡觉，而不是强迫自己到点上床休息。
- 保持起床时间相对固定，周末和节假日也不例外。
- 白天再困也不要睡。
- 尽量保持卧室光线、通风、温度适宜。
- 床（甚至整间卧室）只用来睡觉。
- 想睡觉时，关灯就马上躺下。
- 如果睡前想看书，不要躺在床上看，可以选择沙发或家里其他地方。

- 卧室不要放电视、电脑、手机、带夜光的闹钟等，这些设备的亮度会干扰大脑，使你更难进入休息状态。最好在睡前一小时就停止使用这些电子产品，或者至少把屏幕亮度调低。
- 如果你用手机当闹钟，那么我建议你把手机放远一些，以免你晚上醒来总是看时间。你看一眼时间，大脑就会开始自动计算：现在离闹钟响起只有 3 小时 22 分钟了。这下你更加睡不着了。你是否知道自己还能睡多久，一点儿也不重要！
- 估摸着过了一刻钟（不能看时间），你如果还是睡不着，就干脆起来把床铺好，去另一个房间待会儿。这样等你回来，床上已经没有余温了。
- 提前想好晚上睡不着可以干点儿什么，比如收拾衣服，或者站在窗边看看外面，给自己讲讲看到了什么。是不是听起来没什么意思？这就对了，这个时候就是要做那些不需要集中注意力但能让你平静下来甚至有点儿无聊的事情。等到有困意了，你再回卧室睡觉。睡不着的时候就重复这个过程，哪怕你一开始觉得很困难。

总之，我们如果希望改变某种行为，就要实实在在地尽量向目标靠拢，提高成功的概率。今后你要认真考虑在哪些方面做出调整能够更有利于达成你想要的改变。比如，为了迎接下一次考试或者发言，你可以边潜水边准备，最后穿着潜水装备正式上场。

# 05

# 杯中风暴

## 理解你的感受

## 杯中风暴

理解你的感受

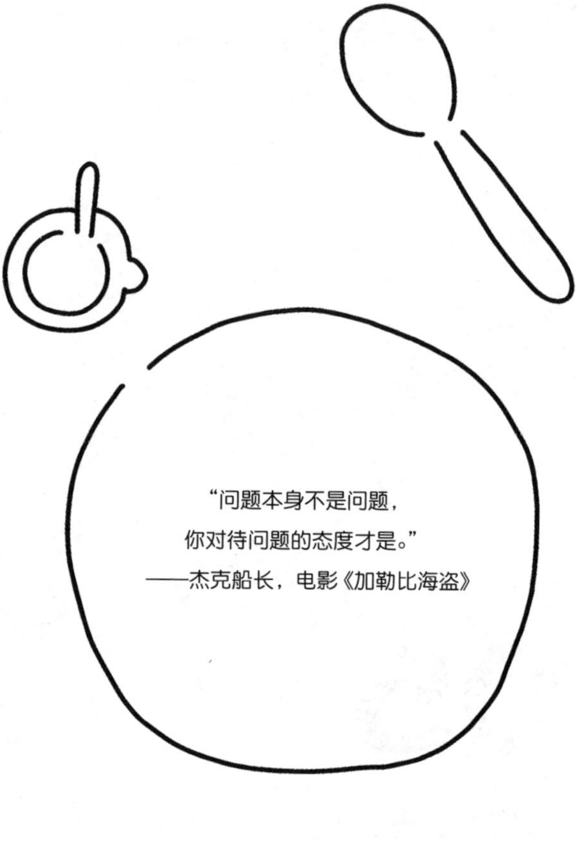

“问题本身不是问题，

你对待问题的态度才是。”

——杰克船长，电影《加勒比海盗》

为什么我们会有各种情绪？为什么我们的言谈举止是现在这样，而非另一种样子？每个人天生都对自己的情绪和行为反应有一套解释，这种解释方式和牛顿的作用力与反作用力定律颇为相似——任何一种反应都是对前置行为（作用力）的反作用力。用心理学的方式表示如下：

A → C
触发事件 → 结果
触发事件 → 感觉或行为反应

比如，我们从镜子里看到自己的胎记颜色变深了，就会感到恐慌，然后上网搜索“胎记”“皮肤癌”“我还能活多久”。

A → C
触发事件 → 结果
发现胎记变深 → 害怕，慌忙上网搜索

还挺合理的，对吧？我们产生某种感受，然后做出相应的行为——对前置触发事件做出反应。

认知行为学鼻祖、心理学家阿尔伯特·艾利斯认为，这种解释并不充分，因为不同的人面对完全相同的触发事件往往会有不同的感觉和行为反应。因此，在 A 和 C 之间一定还有其他因素可以提供更准确的解释。你能想到它们之间是哪个字母吗？别想得太复杂，心理学追求的就是简简单单。答案是“B”，代表信念体系。下面是艾利斯提出的 ABC 模型：

| A | → | B | → | C |
| --- | --- | --- | --- | --- |
| 触发事件 | → | 信念体系 | → | 结果 |
| 触发事件 | → | 信念体系 | → | 感觉或行为反应 |

所谓信念体系，即如何解释、看待世界、社会、自身和他人。

想象一下，在 A 和 C 之间有一个过滤层，使我们透过自身世界观的滤镜来看待事物。凡是与我们的信念体系不兼容的，都会被过滤掉。通过这种主观处理，我们最后只会保留符合个人信念体系的感受和行为。

| A | → | B | → | C |
| --- | --- | --- | --- | --- |
| 触发事件 | → | 信念体系 | → | 结果 |
| 发现胎记变深 | → | 我肯定得了癌症，时日无多了 | → | 害怕，上网搜索 |

古罗马哲学家爱比克泰德曾说：“令人恐惧的不是事物本身，而是我们对它的看法和判断。”一个人受到的教育、社会规范以及影响深远的生活经历共同塑造了他的信念体系。

然而，我们不一定对自己的信念体系有着理性的认知——感觉和行为模式往往会第一时间自动做出反应。比如，当我看到另一半发在网上的照片获得了某个陌生人的频繁点赞和“亲吻”表情回复，我肯定会吃醋，并且会自然而然地点开对方的头像看个究竟。又比如，当我无意间发现脑子少根筋的同事只顾着拍老板马屁，差点儿把工作搞砸，我肯定会很烦躁。如果老板又正好听了恭维话，乐得找不着北，完全无视同事捅的娄子，那我简直要气到爆炸，得冲到洗手间平复一下心情才行。

各种不同的触发因素会引起我们相应的本能反应，大部分情况下模型中的 A 足以解释这个过程。当被问起为什么紧张，我们会回答：“因为今天有个面试。”我们伤心至极时，“好朋友要搬去毛里求斯”可以成为很充分的理由。我们因为“路上有人超我的车”而生气，也说得过去。对方听到这一类回答时大多会点头表示理解，因为根据 A-C 模型这完全解释得通。

可见，我们在自我反思以及理解他人的经历时普遍存在一个盲区，那就是没有追溯感觉和行为的真正根源。也就是说，使我感到紧张的并非面试这件事情本身，否则那些在面试之前能够完全放松的人（是的，这种人真的存在）又该怎么解释呢？很可能令我担心的是背后无数可能的负面情况，比如“面试官一眼就会看出来我啥也不懂”或者“我要是拿不到这份工作，就证明我一点儿用都没有”。恐慌是面对危险时的自然反应，面试谈话还算不上什么危险。但如果我把个人价值与面试结果捆绑在一起，危险就产生了——不是生命危险，而是自我认知的危险。这样一来我就会紧张，甚至恐慌。

我也不是因为朋友要搬去国外而伤心沮丧，而是想到了“我再也见不到他”或者“我再也交不到这样好的朋友”。其实身处 21 世纪，信息技术这么发达，联系一个万里之外的朋友并不比联系同一条街上的朋友更难，甚至还会更频繁。况且毛里求斯又不见得是穷山恶水，我说不定也会去那儿找他呢。哪怕我们真的失去联系，我也不可能就此断言自己交不到新朋友了吧？

还有，我生气也不是因为被超车，而是因为我告诉自己：“这家伙在挑衅我。”但也许开车的是个慈祥的老人家，他只是不小心超了你的车；或者对方确实赶时间，急着送马上临盆的老婆去医院。总之，事实就是“这家伙在挑衅我”是不成立的。愤怒是我们判断他人有意伤害我们时所做出的反应，无论判断正确与否。

当你发现反应常常是本能的、有限的，多少会有点挫败感，对吧？好在你现在知道了 ABC 模型。对于触发因素，也就是外部情境本身，我们能够干预的程度十分有限，但对于自身的信念体系我们能有意调整。为此，我们首先要理性认识自己的潜意识。

我们沉浸在负面情绪中，就像喝一杯浓度极高的鸡尾酒，其中混合了触发事件、直观感觉、主观感受，混乱不堪。接着，大脑边缘系统开始工作，它负责对我们的遭遇进一步加工，在其中加入情感色彩。分析自身处境时有意识地辨别负面情绪背后隐藏的深层次想法，就相当于模拟大脑前额叶皮层的活动，简单来说就是从混乱的情绪中整理事件的全貌。这个感觉加工的过程有助于我们从更真实、更有建设性的角度来看待问题。

## 方法23：ABC模型

你如果想要更好地应对情绪化问题，可以尝试用 ABC 模型进行结构化的自我剖析。你得把模型当成顺口溜背下来，可以在钱包里放小卡片或者在冰箱门上贴纸条来辅助记忆。

下次你产生负面感受或者做出不好的行为反应时，不能仅仅用触发事件（A）来解释，而是要训练自己条件反射般地寻求信念体系（B）层面的原因。你要找出那个能解释反应的想法，并告诉自己，想法不一定是一成不变的。最好把这些都记下来，有条理地记录有助于我们理性思考。你把自己的想法用白纸黑字记录下来，就能实实在在地与之保持物理距离，头脑中那团一不留神就涌出的迷雾也随之变得具体有形了。

## 方法24：三栏笔记

认知疗法提到结构性思维笔记，即根据 ABC 模型形成简单的三栏笔记，具体如下。

| 场景 | 想法 | 感受 |
| --- | --- | --- |
| 我接到电话通知，说我没有获得面试的岗位 | · 我失败了，我真是没用<br>· 我就是个啥也不会的绣花枕头，不可能找到工作<br>· 贫穷和堕落就是我的下场 | · 沮丧<br>· 悲伤<br>· 自怨自艾 |

你也可以用手机或电脑来记录以上内容，但写在纸上效果可能会更好。当把自己的负面想法写下来时，你就会更加清楚地认识到，这种想法完全出自你的笔尖、潜意识。

如果在某些情况下无法马上记录，你也可以事后凭回忆来补记。此时，你要在脑海中复盘令你感到不适的具体情境，并且回答下面三个问题。

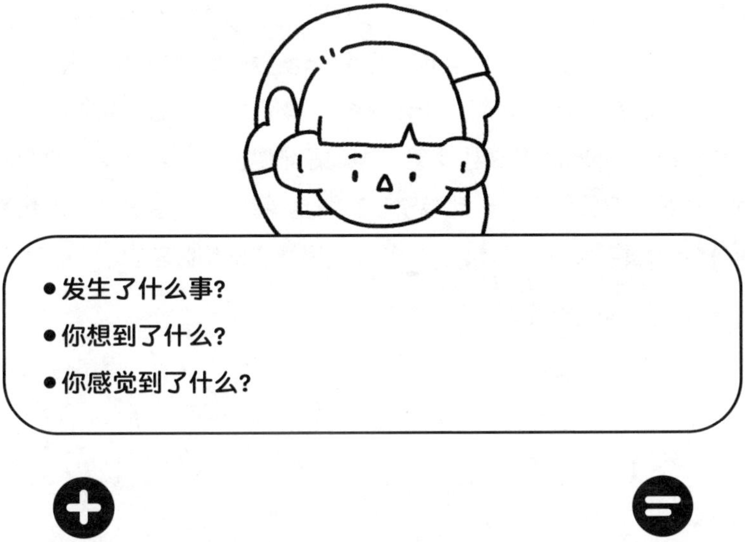


至此，在负面情境下由客观事实、价值判断和主观感受混合而成的一杯酒被重新分解。

这个过程乍一看好像很简单，实则不然。我们在记录客观情境时可能会进行主观发挥，比如“我的老板指出了我报告中的一处笔误”是事实描述，而“这狗东西想折腾死我”是带有主观色彩的阐释，两者是有区别的。另外，想法和感受之间的界限有时也很模糊。“我觉得别人看我的眼神怪怪的”就完全是想法而非感觉，与之对应的感觉可能是恐惧或害羞。所以自我观察时务必注意表述，将想法和感受区分开来。

要找到合适的词语来表达情绪也颇有难度。比如，过敏的、愤怒的、生气的、不安的、焦虑的、紧张的，都是相似的形容词，却有着细微而关键的区别。如果有人问我们好不好，十有八九我们会回答“挺好”或者“还行”，这样单一的词语显然与我们丰富的情感体验不相符。

许多人都听过一个说法：因纽特人有 20 多种方式用来表示“雪”。这当然是误传，却给了我们一个启示。如果要经常跟雪打交道，那么有多种不同的表达方式也是完全合理的，因为只有这样我们才能更好地理解雪、跟别人谈雪。就像谈到红酒，你我只会说“好喝”，爱品酒的人可能会形容“前调是淡淡的成熟热带水果香，中调是细腻的香草、坚果混合温润木质香，后调是细砂口感的成熟单宁带着海盐尾韵”。大多数爱好都和酿酒一样，你表达得越清晰、精准，就越能分辨其中的细微差别。

## 方法25：情绪词语

与上面类似，我们描述个人感受的词语越丰富，就越能更好地理解和辨别自身的感受。因此，另一个治疗小技巧就是制作一张情绪词语表。你需要把所有能想到的情绪名词都写下来，试着按主题分类，网上能找到参考模板。下次描述自己的感受时，你不能只说“挺好”“还行”，而是要尽量准确地说出那种感受是什么。

负面感受往往模棱两可，让人如堕五里雾中。事实、阐释和体验三者全都含糊不清，不可捉摸。然而云雾说到底也只是一团水汽，你要做的是使其凝结成水，然后装入上述三个不同的容器中。从现在开始，每次产生负面情绪时，你都要做好分栏笔记，注意区分客观事实、潜意识以及主观感受，然后从情绪词语表中挑选合适的词来表达。

你要将 ABC 模型内化于心，或者文个身外化于行。不管怎样，关键是今后要时时想到，在 A 和 C 之间永远有个圆润的 B。

# 06

# 别再纠结！

要有建设性思维

**别再纠结！**

要有建设性思维

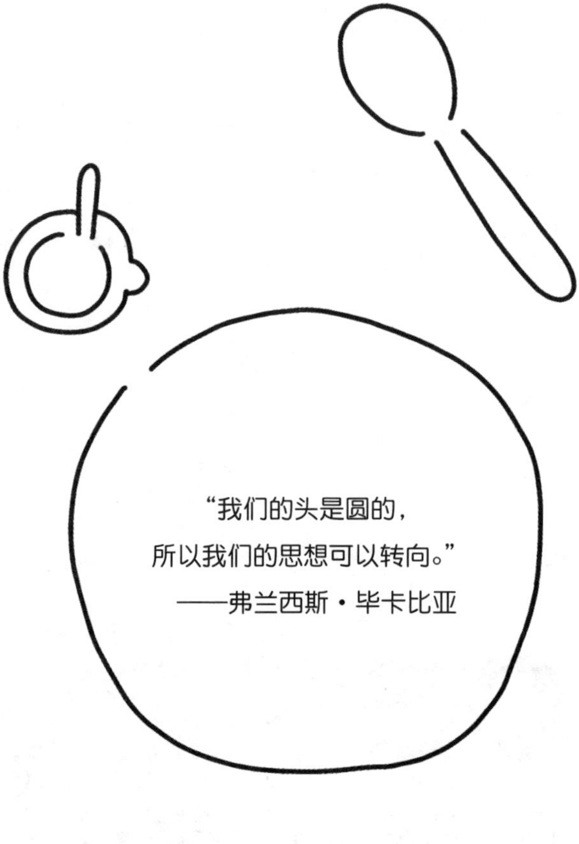

“一切都会好起来的。”

“你一定能做到！”

“不会有事的。”

在一些艰难的时刻，身边有没有人对你说过这样的话，或者你有没有用这些话鼓励过自己？这种笼统简单的口号都是一个意思：做人必须时刻充满正能量，许多自救指南也都把这一点奉为圭臬。这些话的出发点当然是好的，也确实有点作用，但有时候这些恰好是你在低谷时最不想听到的，对吧？

可能你自己也尝试过，想要用一句假大空的“一切都会好起来”支撑自己，对抗恐惧和忧虑，但往往还是难以抵挡，对吗？人类向往简单而清晰的生活，所以发明了抽屉。我们希望把生活中的一切都塞进某个抽屉：“好”与“坏”，“所有”与“一无所有”，“赢家”与“输家”。

哪怕最复杂的程序都可以归结为 0 和 1 组成的二进制代码，因此我们也都尽量把自己的遭遇简化成两类。但生活是如此复杂多样，自然界的色彩也远远不止黑与白。事物进入我们的视野时会有些失真，导致原本内涵丰富的现实被简单归纳为对立的两极之一，认知心理学将这种自带滤镜的行为称作二元思维谬误。其实，二元思维在一定程度上有助于我们理解复杂的生活，但也很容易带来问题。

完美主义者的二元思维尤其突出，对于他们而言，所有事物都分为两类：“完美”和“不够好”（跟“很差”没多大区别）。如果事情没有 100% 达到预期，完美主义者就会自然而然地将它判定为“不够好”。这样一来，完美主义者在竞争状态下得到的结果永远是二选一：要么 100% 达到目标，自己很满意；要么没达到 100%，自己不满意。

不那么追求完美的人则会认为，完成 90% 虽然不算完美，但比 20%、85% 或者 89.9% 要好。所以面对不同的结果，他们可以达到不同的满意度。

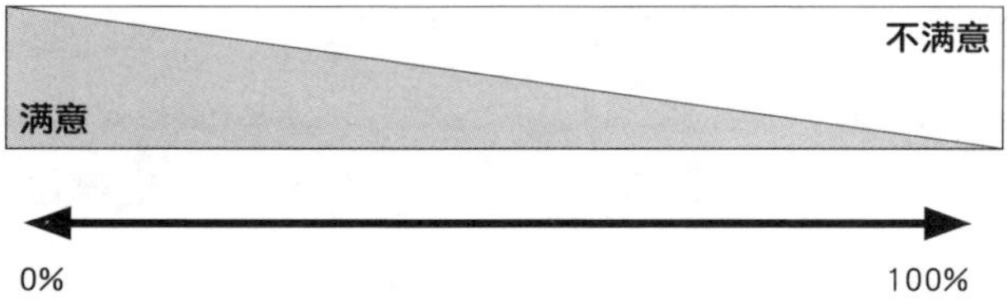


这种思维成了完美主义者的拦路虎。对于非完美主义者来说，如果他定的目标是 90%，那么可能出现的结果除了“不满意”（没达到 90%）、“满意”（达到 90%），还有超过 90%。这种超出预期的体验能够极大地提升自我价值感，促进个人发展。完美主义者则无法获得这种体验。

负面想法和正面想法的形成过程也与之类似。当我们感觉自己在苦苦支撑时，负面念头就会趁机潜入脑中。如果老板连续两次指出我的同一个疏漏，那么我心里可能会有一个声音告诉自己：“我真是没用，干啥啥不行！”当发现自己为全身心信任的另一半所欺骗时，你可能会想“就不应该相信任何人”或者“男人都是‘大猪蹄子’”（如果对方是女性，大概也有一个对应的类似说法）。你如果还傻乎乎地每天关注新闻，那么会很容易认为人类不过是一群蠢笨的旅鼠，站在即将摧毁整个世界的定时炸弹旁边却只顾嘟嘴自拍。

听起来很致郁对不对？就像漫画里那样，有个红色的小恶魔一直趴在主人公肩膀上念叨，告诉他：你什么都做不成，做了也没用。好在另一边肩膀上还有一个小天使，一直在呵斥小恶魔，它伴随着轻柔的竖琴声告诉主人公：生活很美好。当周围人或者我们自己习惯用“一切都会好起来”对抗脑子里的负面想法时，画面跟这何其相似。问题在于，这些正确的废话大多数时候就跟负面想法一样不着调。

如果你这会儿正站着阅读本书，那么我劝你最好找个地方坐下来，因为我要告诉你一个惊人的真相：生活根本就不！公！平！世界上有许多的痛苦和不幸，甚至你我当中就可能有人患有不治之症，我们也可能完全不像自己认为的那样无可指摘。没有人能够保证一切都会好起来，光是这一点就够叫人心慌的了。

现在你能读下去吗？还是被吓跑了？我们当然都不爱听这些丑陋的真相，你心里的小天使可能已经准备好要给你灌输点儿正能量压压惊了。可问题是，小恶魔每次都能提出反驳，因为能够驳斥“一切都会好起来”这个假设的论据太多了。

比如我担心自己的身体健康，就会时不时告诉自己：“不必担心，我好着呢。”而小恶魔这时候就会指出我的错误，说我并不能百分之百地确定自己是健康的。哪怕我一连向五个专家求证，他们都说我没病，小恶魔也可以说，我前脚刚迈出诊所大门，后脚癌细胞就在我体内形成了。100% 确保自己当下是健康的，或者乘坐的下一班飞机不会失事，抑或比利时明天不会对我国宣战，永远都只能是空想。因为我们对于生活中的任何事都没有 100% 的把握，甚至不能完全排除五秒之内被陨石击中的可能性。目前存世的记录中，人类被陨石击中的案例只有一个，也就是说这种可能性微乎其微，但不等于没有。

只要心里还保留着控制不可控因素、预见不可预见事件的执念，我们就会长久地陷入小恶魔和小天使的拉锯战之中。该结束啦，把你脑中的小天使和小恶魔一起送走吧！比起在负面想法和正面想法之间反复横跳，更重要也更有效的做法是用完全贴合实际且富有建设性的判断来代替非理性、不靠谱的念头。

你要试着在自我分析时做到既不夸大也不美化，在重新表达想法时谨慎措辞、理性清晰，这样才能让小恶魔无话可说。如果你据实重新表达的想法仍然是积极正面的，那当然很好；如果不是，也没关系。消极负面的想法也可以是符合实际且富有建设性的。比如，我突然意识到明天是某个重要项目的截止日，于是认为今晚需要熬夜赶工，这肯定算不上正面想法，但在具体情境中确实是现实有效的。

这些听起来容易做起来难，不过只要留心并进行练习，就能很快形成习惯。

## 方法26：认知重构的两个标准

认知重构训练采用一系列的疗法来帮助患者改变思维失调的状况，这些方法可以被简单地归纳为以下五个步骤。

（1）观察自身想法。
（2）辨别思维失调。
（3）重新表达贴合实际且富有建设性的想法。
（4）持续练习，哪怕刚开始会显得陌生、刻意。
（5）坚持一段时间之后形成习惯。

如果在这期间你发现自己又在“一切都很好”和“一切都很糟糕”两个极端之间纠结，就要打断小恶魔和小天使之间的拉锯战，问自己两个问题。

（1）我的想法属实吗？如果在脑子里逐字逐句地斟酌，这种负面（正面）想法是 100% 符合实际的吗？
（2）这种想法有好处吗？我当下心存这样的念头，对于维持或提高生活质量有帮助吗？

如果这两个问题中至少一个的答案是否定的，那就表明你再次掉入了小恶魔或小天使的陷阱，这时候你要做的就是：重新表达！

## 方法27：5栏笔记

认知疗法通常运用各种笔记来帮助重新表达，比如 5 栏笔记就是通过五个步骤来引导认知重构的。

| 场景 | 第一想法 | 感受（0 ～ 10） | 新的想法 | 感受（0 ～ 10） |
|---|---|---|---|---|
| 我接到电话通知，说我没有获得面试的岗位 | • 我失败了，我真是没用<br>• 我就是个啥也不会的绣花枕头，不可能找到工作<br>• 贫穷和堕落就是我的下场 | • 沮丧（9/10）<br>• 悲伤（8/10）<br>• 自怨自艾（10/10） | • 被拒不一定是我的原因，我还是有一些长处的。并且我也可以从失败中学习，所谓“堕落”只是我的无端想象<br>• 下次我会成功的 | • 沮丧（6/10）<br>• 悲伤（3/10）<br>• 自信（5/10） |

如果读过上一章，你对前三个步骤应该很熟悉了，认知重构相当于 ABC 模型的进阶版。

（1）试着尽量客观地描述某个情景：何时何地发生了何事，情况如何？

（2）将你的第一想法表达出来：当时你的脑子里闪过的念头是什么？无论好坏，全部写下来，尤其是那些显然不靠谱的想法。

（3）尝试尽可能准确地描述你当时的感受，并对其程度进行打分（0 ～ 10），要注意区分想法和感受。你完全想清楚当时情境下第一想法是怎样引起某种感受时，才可以进入下一步。

（4）如果认为自己在当时情境下的第一想法不理性或者无益处，你就得进行认知重构了。尝试在同样的情境下形成切合实际且富有建设性的新想法。

（5）重新描述你的感受。如果笔记是你补充的，务必在脑海中尽量还原真实的情景，以便形成新的想法。你的感觉还和之前一样吗？如果不一样，有什么不同？如果一样，感觉的强度（0 ～ 10）是否有变化？

今后，面对让你产生强烈负面感受的情形时，你就可以运用自我分析了。为了训练理性、建设性思维，将其长期内化，你可以每天做笔记，坚持一段时间。如果当时不方便，或者情绪太强烈导致无法记录，你可以事后回忆补充。

## 方法28：自我暗示

认知重建的另一种方法是“压力免疫训练”，其发明者是认知行为疗法的创始人之一唐纳德·梅肯鲍姆。为了更好地应对压力，你需要建立并熟练运用一些自我暗示（我们有意识地告诉自己的话语），以便在压力情境下顺利调用。

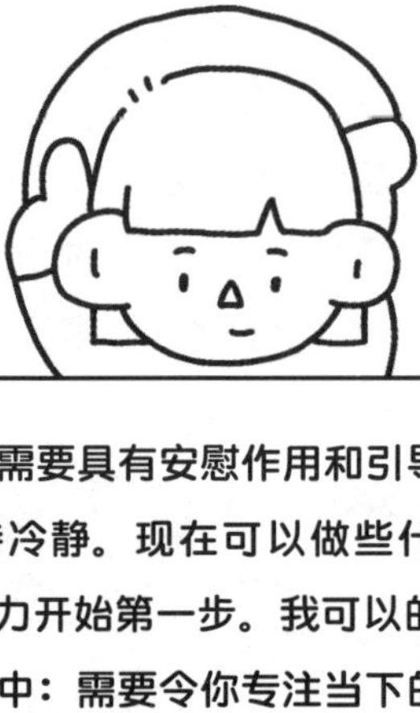

- **面对压力场景：需要具有安慰作用和引导作用的话语。**
  **例如：我要保持冷静。现在可以做些什么？我先定个计划，然后集中精力开始第一步。我可以的！**
- **与压力场景对抗中：需要令你专注当下的话语。**
  **例如：做个深呼吸，不要着急，一步一步来。只要我按照计划走，肯定能行！**
- **面对极其强烈的念头和感觉：需要在最坏情况下仍然有效**

**的话语。**

**例如：我虽然害怕，但是还能坚持，我会挺过去的。**

- **经历压力场景之后：能够强化成就感的话语。**

**例如：我做到了！其实并没有我想的那么严重，我进步了。**

梅肯鲍姆将需要自我暗示的场景分为以下四种。

如果今后希望增强对压力的免疫力，你可以提前练习上述方法。你可以尝试根据不同场景形成你的自我暗示，把它们写在小卡片上，结集成册随身携带；熟记这些语句，录成音频存在手机上，上班路上听，或者对着镜子大声练习；下次面对压力场景时，有意识地尝试运用你背下来的自我暗示。

我有一个患者运用这种方法成功克服了社交恐惧，后来他把自我暗示比作哈利·波特的咒语，这些咒语帮助他战胜了内心的恐惧。

认知行为疗法中的其他方法还涉及想象力的运用。为了确定想象和身体反应之间的关联，我们来做一个“柠檬实验”。你要努力想象自己在厨房里，手中拿着一颗柠檬。你看看它，闻了闻，再用力一捏，感受果肉被挤压后流出汁液，柠檬的气味变得浓烈。你手边有刀和砧板，你把柠檬对半切开，汁液流到你的手上。你又闻了闻，深吸了一口浓烈的柠檬酸味儿。然后你拿起半个柠檬放到嘴边，猛地咬了一口。你看到了什么？大多数人在做柠檬实验的时候表情扭曲，还有人会分泌很多口水。我们在想象某种情景时，身体会做出与身临其境时相似的反应。

克里斯蒂娜·肯茨勒和朱莉娅·里克特于 2010 年提出了两个概念——“问题冲淋”和“答案冲淋”，指的是思想可以像淋浴花洒一样，从上往下冲刷，影响我们的感觉。想象一下，你像平时淋浴一样打开“问题开关”，这次花洒里流出的不是水，而是脑海中的一系列疑问。

“这是觉得我好欺负吗？”

“我完全不能理解。”

“都是我的错！”

“这是要故意整我！”

“完全是职场霸凌！”

你现在感觉如何？再想象一下，打开“答案开关”，各种回答倾泻而下。

“这个我已经弄明白了。”

“我得让同事一起参与！”

“我尽力就好。”

“明天一定会有转机的！”

“我不必什么都会，没关系的。”

现在呢，感觉如何？

## 方法29：答案冲淋

光是想一想自己被各种问题淹没，就够绝望的了。在头脑中演练一些建设性想法可以帮助我们找到解决问题的思路，强化自我效能感。对“答案冲淋”的想象可以使你在压力情境中平静下来，保持信心。下次你的老板给你施压时，你就想象自己在淋浴，拧开你的“答案开关”。此外，想象“答案冲淋”也可以帮助你更好地应对即将到来的压力情境，充分调用资源，更加胸有成竹。

运动心理学中的可视化训练，也是利用想象力和身体反应之间的关联来强化学习效果。你可能还记得电影《冰上轻驰》里，四位牙买加雪橇选手坐在浴缸里凭想象模拟赛道滑行的片段。画面虽然令人发笑，却展示了许多运动员准备比赛时会用到的一种技巧。在脑子里反复模拟运动轨迹，能够产生很好的效果，为后续比赛提升信心，减少赛前焦虑。

## 方法30：认知实验

如果你希望通过在头脑中对问题进行分析，来提高应对能力，可以运用认知实验法。应用这种方法的前提是，仅通过努力想象某个问题场景，你就能够激起情绪和生理反应，并对其进行调节。同时，在实验过程中，你可以运用各种自我暗示，效果较好的要进一步熟练掌握。

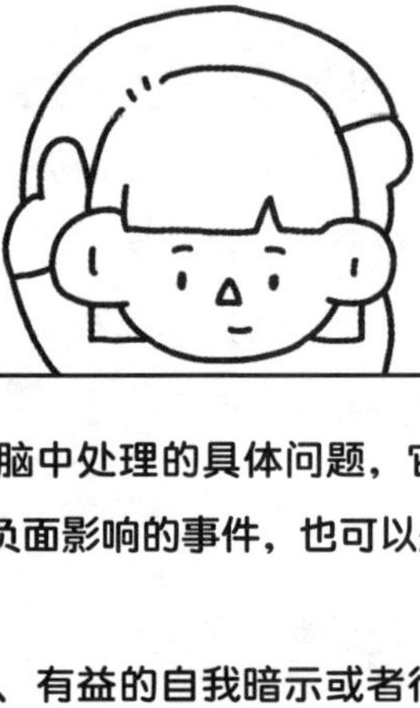

- **确定你想要在头脑中处理的具体问题，它既可以是曾经发生、对你产生了负面影响的事件，也可以是即将给你带来压力的场景。**
- **确定一种理性的、有益的自我暗示或者行为方式，以引导自己在选定的场景中按照理想的方式做出反应。**
- **花点时间集中注意力，排除干扰，尽可能地想象自己身处**

这个场景中（你看到什么、听到什么、闻到什么、感觉如何），在脑海中完整地模拟事件经过。

- 注意那些一不留神就出现的负面想法，观察它们对你的影响。
- 尽可能具体地想象自己在这个场景中如何用预设的方式做出反应，关注你的感受有何变化。

## 方法31：理想化自我画像

运用想象力提升自我价值感的一种方法叫“理想化自我画像”，提出者是心理治疗师多萝西·萨斯坎德。“理想化自我画像”即通过想象出理想的自我，建立积极的自我实现预言。听起来不太真实，对吗？你试一试就知道了。

- **现在闭上眼睛，想象自己想要成为的样子（包括性格、能力、品质、外表、行为等）；尽量详细地描述这个理想的自我，但同时要保持客观，不能脱离实际。**
- **然后，想象你已经成为理想的自己，你对这样的情景感到满意吗？如果满意，那就定好计划，朝着这个目标努力，直到真正成为理想的自己！**

- 回忆一下你的某次成功经历，尝试再次体会当时那种满足感和自豪感。
- 现在想象这种积极的感受到达当下的你，让它继续蔓延，渗透你当前和未来的目标及计划。告诉自己可以成功，最终这种成功将突破重重阻碍让你变成理想的自己。

从现在开始，你可以试着确立理想的自我画像，通过理想的自己来观察日常生活。问问自己，面对当下的情况，理想的你会怎么想、怎么做、产生什么感受，在这个基础上去应对。在“理想化”这个视角下，你是怎样的，外界眼中的你就是怎样的，最终你也会按照同样的方式去处理问题。

如果希望建立长期的理性思维、建设性思维，你就要坚持定期做思维笔记，将理性的、有益的自我暗示内化于心，或者尝试其他的处理方法，在头脑中建立理想的自我画像。通过一次次调整、纠正无效的想法，你会逐渐远离它。新的、有效的判断会随着每一次认知重建慢慢扎根在你的脑海中。

哪怕你一开始觉得“嗯，不错，都有道理，但我还是觉得哪儿有点不对劲”，你也要坚持下去。就像学习一门新的语言，刚开始你必须背单词、经常复习。尽管你不知道自己哪天可以跟母语者流利地交谈，每一次学习仍然会让你越来越有信心，直到你可以自如地运用这门语言。

还记得上一章用云雾做比喻吗？你把凝结后的水汽收集到不同的容器里，就可以检验容器有没有问题。因此，你要抛弃不起作用的容器，用有益的容器来代替它，然后把收集的水冻起来。

认知重建对治疗抑郁和对抗恐惧十分有效，也可以帮助我们进行理性思维、建设性思维训练，让我们在压力情境下找到穿越情绪迷雾的出路。所以，摆脱小天使和小恶魔，拔出属于你自己的魔杖，念出你的守护神咒吧!

# 07

# “必须强迫症”的力量

## 对“必须思维”提出质疑

## “必须强迫症”的力量

对“必须思维”提出质疑

“闹钟响了，我必须赶紧起床冲个澡，然后必须快快喝杯咖啡。接着我必须准时出门，必须像平日一样穿过拥挤的车流。我必须准时到达工作地点，必须迅速处理工作，决不能摸鱼。我必须 12 时 15 分和蒂娜一起吃午饭，并且必须看好时间，吃完饭必须早点回办公室。我必须为下午的汇报做好准备，这次必须做到完美。我必须准点下班，因为晚上 7 点得跟简和拉斯一起看电影。然后我必须按时回家，必须早点上床休息，因为明天一早还得出门。对了，我必须定个明早的闹钟。”

听着很熟悉对不对？是不是完全（或者基本上）就是你的日常写照？你可能也注意到了，这段文字里频频出现一个词语：必须。我们的主人公在这段描述当中用了 15 个“必须”。

短短两个字支配着我们的每一天，并且我们往往意识不到，这两个字每天都会萦绕在我们的嘴边和脑海中。身处效率社会，“必须”已经成为一个无法回避的词语。父母、老师和精明的广告心理学家无一不用这个词鞭策我们，使我们成为富有社会责任感的良好公民和消费者。从出生开始，我们就被灌输“必须”要做某些事情：要吃蔬菜，要刷牙，要坐姿端正，要写作业，要挣钱，要买车，要去滑雪，要喝可乐，要节税，要修剪草坪，要去海边度假，要保持形象，要会唱歌，要付费订阅，要生孩子，要在社交软件上更新婚姻状况，等等。

所有这些围绕着我们一生的“必须”，影响着我们对自身、社会和未来的看法，是我们要完成的重点事项。对此，认知行为疗法的创始人之一阿尔伯特·艾利斯提出了“必须强迫症”的概念，指的是“必须”思维作为一种失灵的基础认知，影响着我们的情感体验和行为。“我必须保持坚强。”“生活必须公平公正！”“我必须干成大事！”“我必须让身边的人为我感到骄傲！”

“必须”这个词表达的是一种规则，我们作为社会化的人或多或少已经将其内化于心。最终，社会生活就是建立在群体缔结普适性规则、规范和法律的基础之上。首要的十大“必须”，你可以在《圣经》当中找到。随着社会的发展，系统性法律规则的作用日益显现，避免了人们互相殴打、占用特殊车位、红酒啤酒连着喝等乱象。所以，“必须”的存在是件好事，对吧？

但这个词的含义究竟是什么？上在线词典搜索它的同义词，你会找到如下解释：

> “有义务或责任，没有其他选择，找不到其他出路，做不了别的，只好……”

可见，“必须”一词暗含的前提是，在我确信“必须”遵守的义务之外没有例外。要么我履行义务，或者……还会有什么呢？如果没有选择，除了遵守既定规则不容许其他，那就意味着不存在“或者”，对吧？如果我“必须”履行义务，“必须”遵守规则，从字面意思来看，就表示人人如此，无一例外，除非义务、规则消失，或者这个世界消失。

当我询问患者（说实话，我当时不无挑衅意味），是否人们“必须”遵守法律时，大部分人会有点儿恼火地回答：“那是当然！”如果“人们必须遵守法律”这个说法至少从字面意义上说没问题，那就意味着不需要监狱，也不需要刑罚了，也没有人会超速行驶了。还有，如果人们必须遵守法律，从字面意义上讲就不存在例外，但事实上例外显然随处可见。甚至可以说，大部分人一生中至少违犯过一次法律，哪怕只是超速之类相对轻微的违法行为，而非抢劫银行、挟持人质这样的严重行为。

如果我装作不谙世事的样子提问：“人们必须去工作吗？”得到的往往都是不解的眼神，你肯定也会条件反射般回答：“当然必须工作了！”可是这里我们讨论的是完全不一样的东西。比如我开车速度是 200 千米 / 时，被抓住之后可能会得到一张罚单；但我要是不去上班，会丢掉工作，流落街头没饭吃。这样看来，世界（至少对我来说）仿佛真的不存在了。这听起来很符合逻辑，但问题是：果真会如此吗？

如果我从明天开始不去上班了，会给社会带来什么样的影响？我会马上被炒鱿鱼吗？好，就算按照你说的，你如果放任自己长时间不理会工作，很有可能某天会被辞退，但是然后呢？问问自己，你不是还可以领失业金吗？你可能会说：“失业金只能领一段时间，要是我一直找不到工作该怎么办？”有道理，但是真到这一步了，你还可以寻求社会救济呀。

我曾经花几年时间研究流浪者。他们当中既有被迫失业的，也有从未工作、主动选择依靠社会救济生活的人。有些人觉得自己很不幸，也有一些人觉得自己很幸运。不管怎样，世界对于他们当中的任何一个人来说都没有消失。可如果人们“必须”去工作，那这些不工作的人就不可能存在了，不是吗？

如果“人人都必须纳税”这句话成立，就没有偷税漏税行为了。而事实上，我想你知道我的意思。

美国作家约翰·斯坦贝克在他的小说《伊甸之东》中提到一个希伯来语单词 timschal，《圣经》中译为“你应当”或者“你必须”。事实上，这个单词还可以表示“你可能”或者“你可以”。基于这一点，斯坦贝克将 timschal 称为“世界上最重要的词”。由于存在这一关键区别，人才成为自由的存在，可以自主选择是否“认自己的罪”。可见，就连《圣经》中的“必须”也是有待商榷的。

语言学将词语的含义及关联词放在同一个知识结构中，形成语义网络。相互关联较强的词汇在语义网络中距离较近。例如，“汽车”的关联词有“街道”“公交车”“加油站”等，“汽车”与“苹果”的关联则较弱，“苹果”的关联词很可能是“梨”、“树”或者“绿色”。

从神经学的角度来看，词义同样是以语义网络的形式呈现的，相互关联较强的概念会存储在大脑中相邻的区域。也就是说，当你想到“汽车”这个概念时，大脑的某个区域会被点亮，利用现代技术手段可以将其转化成图像。接着，再想想“公交车”，很可能“汽车”附近的某个区域也会被点亮。如果你想的是“苹果”，那么被点亮的区域可能就会距离比较远。通过这种方式，研究人员绘制了人类大脑中的词义规律图谱。

心理学家唐纳德·赫布于 1949 年提出神经学的基本原理：当两个细胞同时兴奋时，它们之间的连接会更加紧密。换句话说，当你持续点亮大脑中的各个连接时，代表关联概念的神经元区域之间会连接起来。这种关系反过来同样成立：如果某些概念已经在一个语义网络中建立连接，那么当你想到其中一个概念时，其他概念至少在潜意识层面都会被激活。当想到“汽车”，你就会或多或少自动联想到“公交车”“街道”“加油站”等。

因此，当你说你“必须”做什么，哪怕只是产生这个念头，所有关联概念都会被激活。你可以想象一颗石子投进池塘，落在了池塘中央，刚好是“必须”这个词所在的位置，石头激起的一圈圈涟漪唤醒了周围的所有连接。换句话说，每次你说出或者想到“必须”这个词，同时就会想到逼迫、没有自由、没有选择、负担、义务、压力等。体会一下这些词对你的影响，感觉如何？

心理治疗学者克劳斯·格拉维 2004 年在他的《神经心理治疗》一书中提出了“回避型目标”的概念，它是指我们希望避免的那些负面事物。借助图像化技术可以证实回避型目标确实存在于大脑的某个区域，确切地说，存在于右背外侧前额叶皮质。每当我们想到自己“必须”做什么，以

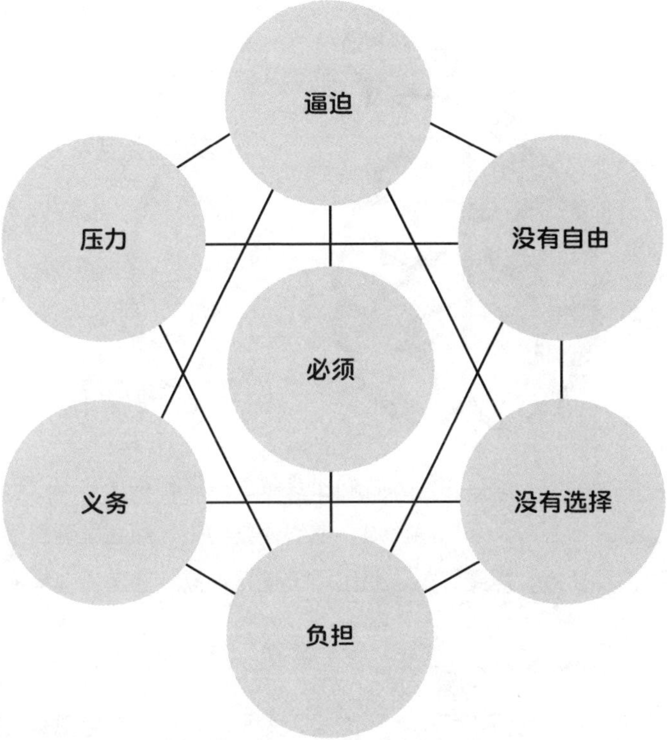


免遭遇不好的后果时，大脑中的这个区域就会被激活。右前额叶与杏仁体相连，而杏仁体是人体的预警中心，在遇到危险时会启动压力系统，使我们的身体做好充分的应对准备。

在潜意识层面，每当你对自己或者别人说“我必须查一下邮件”时，被激活的不只是你大脑中的语义网络，还有相应的情绪和生理压力反应机制，如下图所示。

根据上文提到的认知重建的两个标准，我们可以得出结论：一方面，从理性角度来讲各种“必须”完全不合理；另一方面，它也没有益处，只会增加我们的压力。那么问题就来了，我们能否在日常语言中更好地避免使用“必须”一词呢？又该用什么词来代替它呢？如果不是必须工作、必

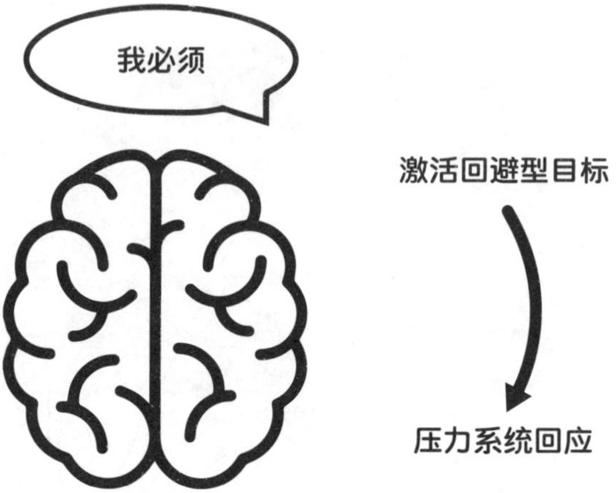


须守法、必须纳税，那么为什么我们还要做这些事呢？

尽管我并不是每天都乐意上班，最终还是会去，原因可能是给自己找点有意义的事情做、需要养家、想出门透透气、需要还房贷或者换台更大的电视等。

即使我不理解“红灯停”有什么意义，并且距离前方路口千米的范围内空无一人，我也会停车等待，可能是因为不想违章，宁可把交罚款的钱花在更有意义的地方，或者想给坐在后座的小朋友树立榜样。

如果我做上述这些事情都不是因为必须，那唯一的解释就是我想要这样做。“想要”一词同样涉及一个语义网络，其中可能有“愿望”“意愿”“自由”“选择”“目标”“梦想”等概念。

当这个网络被激活时，它很可能位于大脑左前额叶的某个区域，即代表接近型目标的区域。换句话说，这个区域负责的是关于能够实现什么目标、如何一步步实现目标的思考。

左前额叶与人体的动机和激励系统密切相连。当我们实现目标时，这两个系统会促进多巴胺分泌，令人产生幸福感。我们还可以通过展望目标实现的情形，激励自身的行动（见下图）。

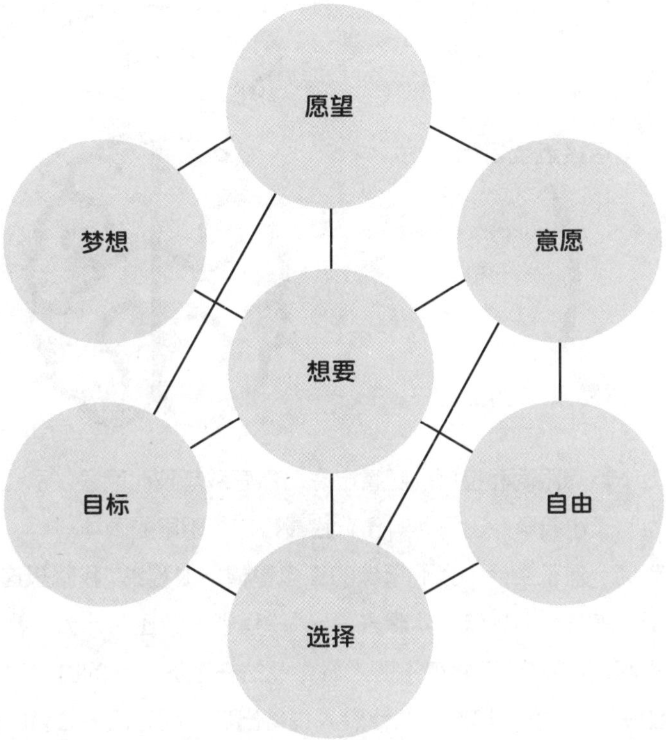


你每当说出或者想到“想要”一词时，也就想到了“愿望”“意愿”“自由”“选择”“目标”或“梦想”。现在体会一下这些词语对你的影响，感觉如何？

把“必须”换成“想要”可能听起来很简单，这样一来，你不仅选择了语义更为积极的词语，也激活了你的激励系统而非压力系统。本章开头主人公对自己的日常总结就可以变成下面这样。

“闹钟响了，我想赶紧起床冲个澡，然后快快喝杯咖啡。接着我想准时出门，以免堵车。我想准时到达工作地点，迅速处理工作，最好不要浪费时间。到 12 点 15 分我想和蒂娜一起吃午饭，吃完饭早点回办公室，因为我想为下午的汇报做准备，这次我想尽量做好。我还想要准点下班，

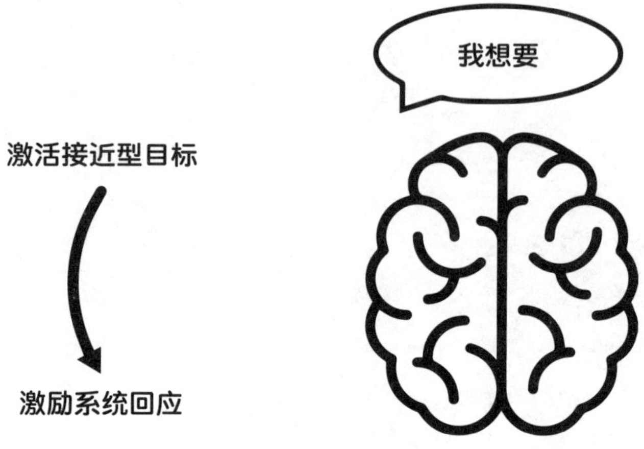


因为晚上 7 点想跟简和拉斯一起看电影。然后我想按时回家，早点上床休息，因为明天也要早点出门。对了，我最好定个明早的闹钟。”

说实话，对于生活中我们所做的许多事情，很难说“我就想这么做”，比如“我现在啥也不想做，就想去看牙”“我想不到还有什么比补交税款更好的事了！”“我运气简直不要太好，竟然在家庭聚餐的时候又坐在令人尴尬的舅公旁边”。这些话估计没人说得出口，因为没人会自愿做这些事情。但是说实在的，关键不是要你粉饰生活的真相，而是要摆脱那些失灵的、不合理的念头。如果一开始你很难说出“我想要”，至少可以尝试尽量少说“我必须”。

“闹钟响了，现在起床冲个澡！然后来杯咖啡，但是不能耽误出门。我尽量准时上班，努力高效工作。12 点 15 分我和蒂娜约好一起吃午饭，我打算吃完饭快点回办公室，这样能多点时间准备下午的汇报。我会尽量做好。然后，我打算准点下班，因为晚上 7 点要和简还有拉斯一起看电影。接着我会按时回家，早点休息，因为明天还要早起。现在最好定个闹钟。”

## 方法32：对“必须思维”提出质疑

我现在邀请你做个小测试。请你注意观察，每次说到或者想到“必须”这个词时，先暂停，然后用更合理、更有益的方式重新表达。

你可能还能列举其他失灵的词语、句子或观念，都照这样处理。一旦你发现某个想法既不合理又没益处，就要试着有意识地改变。

因此，你如果希望用一个小技巧持续改善自己的生活质量，就必须避免“必须”这个词，对吗？——不对！根本没有什么是你必须做的。

# 08

# 跳出盒子，站上桌子

## 改变你的视角

**跳出盒子，站上桌子**

改变你的视角

“一旦觉得自己懂了，你就必须换一种角度来看问题。这可能显得有些愚蠢或者多余，但你必须试一下。”

——约翰·基汀，电影《死亡诗社》

半杯水，是半满还是半空？答案是不是取决于你现在渴不渴？或者，更重要的是搞清楚杯子里是热饮还是冷饮？另外，最关键的前提是，提问背景是沙漠还是冰川？说到底都是角度问题，对吧？

我们来做个小测试，你能否用一笔画出四根直线，将下面九个圆点全部连起来？

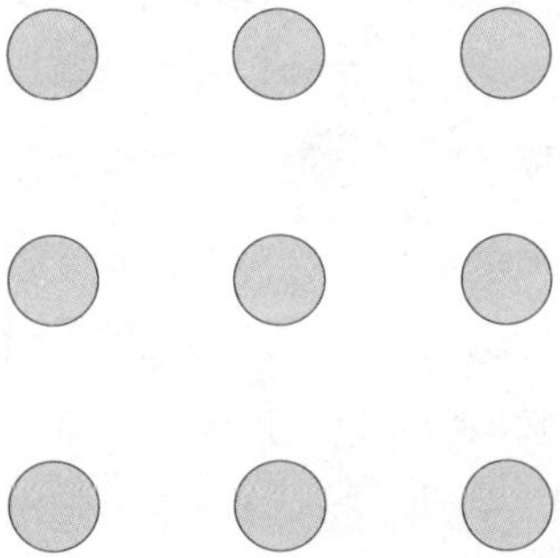

直接放弃了吗？别慌，这道题大多数人都解不出来。

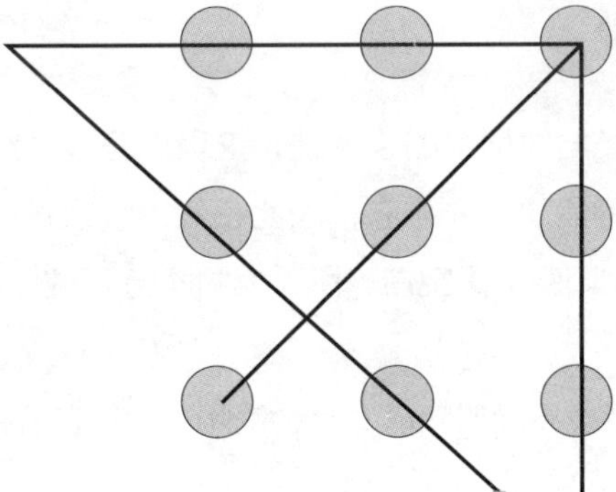

实际上挺简单的，对吧？那为什么我们想不到呢？我们的大脑在思考答案的时候似乎被限制在由圆点组成的四边形矩阵里，也就是说我们被困在“箱子”里，而答案其实在箱子外面。

要再试一次吗？

你家地下室有三个开关，分别控制一楼的三盏灯。你只能去地下室一次，怎样试出哪个开关控制哪盏灯？

答案是：去地下室打开开关 1 和开关 3，十分钟后关闭开关 3，开关 2 全程关闭。现在上楼看一下，亮着的灯由开关 1 控制，不亮且没有温度的灯由开关 2 控制，不亮但发热的灯由开关 3 控制。

面对一个与灯相关的问题，我们第一反应就是视觉维度（灯亮或者不亮），但答案实际上还有感觉维度（灯泡温度）。

你现在应该明白本章的主题了吧？我们在日常生活中是否常常把自己困在箱子里，试图用方模子压出圆形，或者用圆模子压出方形？这时只要跳出窠臼，你就能找到答案。

要做到这一点其实挺困难，因为我们总是被自己的大脑欺骗，比如在视觉上。盲点测试就明确揭示了这一现象。

现在请你闭上右眼，左眼盯着十字，把书缓慢地前后移动，直到圆点突然消失（也可以反过来，闭上左眼，右眼盯着圆点，直到十字消失）。

盲点是视神经与视网膜的连接处，这里没有视觉细胞，大脑会调用周围视觉细胞中的信息来补全它，因此我们不会察觉盲点处有空白。上图中，圆点和十字周围都是空白，所以大脑就自动判定盲点处很可能也是空白。

由于每个人受到不同的教育、社会熏陶，我们在分析时往往盲目套用成规，不论它合适与否。当需要给盲点补充信息时，大脑就习惯性地沿用以往的经验，认为基本不会出错。

如果我现在花三个小时给你讲一只小兔子的故事，然后问你在下面这幅著名的错觉图中看到了什么，你大概率会说兔子，因为你受到了故事的影响（积极或消极暂且不论）。

但要是故事的主角换成了鸭子，很可能你第一眼看到的就会是鸭子。

如果一直站在同一个视角观察生活，我们面对问题时就很容易感到力不从心。要是你在森林里迷路了，就真正应了那句“一叶障目，不见泰山”。这时候你得爬树啊，从高处才能看到不一样的风景。

在电影《死亡诗社》中，行事乖张的文学教授约翰·基汀（罗宾·威廉姆斯饰）邀请学生们站到课桌上，就是为了让他们打开生活的新视角。

为什么你不在日常生活中尝试一下呢？如果你愿意，可以试一试站到你现在坐着的椅子上（如果你读到这里时正在图书馆里、飞机上或者其他某个地方，造成任何后果可千万别怨我）。只要在某个你熟悉的地方试一试，你可能就会惊讶地发现这种视角转换会带来多么出乎意料的体验。

你可能会看到门框上有一层灰尘，发现保洁阿姨打扫得并没有你想的那么认真。

你可能会在柜子顶上发现很久以前被妻子偷偷藏起来的帕尼尼球星卡套装。

也可能你没啥重大发现，但至少这样做可以让你意识到自己任何时候都可以主动选择另一种视角。

在系统式家庭治疗中，治疗师萨提亚提出了一个概念——“换框”，它指的是赋予另一种意义、重新定义。就像一个画框只框住了整幅画的一部分，我们看待现实世界的视角也会为主观世界的“画框”所限制。

通过转换视角，可以给画作一个新的框架。经常被引用的一个例子来自神经语言学编程的创始人理查·班德勒和约翰·葛瑞德。

研讨会成员：

> 我妻子总是很难做出决定，她买衣服之前要把店里所有衣服都看个遍，再互相比较。

研讨会主持人：

> 可见她做决定很谨慎。她在众多男性中选择你作为伴侣，难道不是对你的高度认可吗？

还有一个例子来自神经学家、精神科医生诺斯拉特·佩索施基安在《商人与鹦鹉》一书中讲述的一个故事，名字叫《我还和 40 年前一样强壮》。

> 三个互相交好的老头坐在一块儿，谈论年轻时的快乐时光和年龄增长带来的负担。“哎，”头一个抱怨道，“我的手脚现在不听使唤了。

从前我跑起来像猎犬一样敏捷，现在这双腿成了麻烦，简直一步也迈不动了。”“你说得对，”第二个人附和，“我感觉年轻时的力气就像沙漠里的水一样都漏完了。时间在变，时间的磨盘把我们也都磨得不成样子喽。”第三个人是个传教士。他和其他两位一样衰弱，却摇着头说：“伙计们，我可理解不了你们。你们抱怨的这些，在我身上完全不存在。我还和 40 年前一样强壮呢。”其他人对他的话不以为然。“真的，真的，”传教士急了，“我昨天刚找到证据呢。我卧室里一直放着个橡木柜子，40 年前我就想搬动它，你们猜怎么着？压根儿搬不动。昨天我又想起来这事，铆足了劲又试了试，还是没搬动。嘿，这不就说明我还和 40 年前一样吗？”

心理治疗会用到视角转换的各种方法，帮助我们在困境中摆脱思维桎梏，找到出路。你在脑海中把各种场景还原得越具体，这些方法的效果就越好。你可以找一个不受打扰的时间，做一做下面的练习。

## 方法33：预见未来

你如果在抱怨眼前的问题，那么不妨试着站在未来的角度思考。你可以想一想 10 年后的自己正在家中，至于是你现在居住的房子还是梦想中的豪华别墅都不重要。让你的想象定格在某一点，可能 10 年后的你正坐在自己最喜欢的位置，或者正在浏览墙上的照片，思考着人生，你还想得起来 10 年前困扰你的那个问题吗？如果答案是肯定的，你怎么看待这个问题？它在你的人生篇章中占据多大分量，是一章、一页，还是一段？这样的视角能不能让你把眼下面临的问题看淡些？

## 方法34：其他人会建议我怎么做？

想象一下，把自己面临的问题告诉你信赖的某个人，可以是朋友、家人或者治疗师。因为你比较熟悉这个人，所以你可能猜到对方会给你什么样的建议。把这些建议尽量具体化，然后记录下来。即使不能寻求别人的建议，或者不愿意给别人造成负担，你也可以随时随地通过这种方式从想象中获取建议和安慰。

## 方法35：我会建议别人怎么做？

想象某个亲近的人和你一样被这个问题困扰，对方向你寻求建议。尽量将自己代入这个情境中，想一想你会给对方什么建议，并及时记录下来。我们在给别人提建议的时候确实比自己处理问题时头脑更活跃，这一点可能令人难以置信。我们可以结合想象力来利用这一点。

## 方法36：你的平凡英雄

心理学家马莎·莱恩汉于 2015 年创立的辩证行为疗法中提到这样一种能力，它使人们能够与压力刻意保持距离。首先，你要挑一个令你钦佩的人，可以是你身边的人，也可以是名人或虚拟人物（比如奥巴马或蜘蛛侠）。当处在压力情境下，你可以想想你心目中的这个“平凡英雄”面对同样的情况时会怎么做。比如，蜘蛛侠面对八卦的同事时可能会机智地转移话题，或者干脆用蛛丝把他们吊在天花板上晃悠。第一种方式可以作为你解决问题的参考，第二种方式至少能让你会心一笑，暂时放下烦恼。

## 方法37：无解问题法

为了提升换位思考能力，“智力治疗”采用了一种方法，从不同角度观察虚拟人物面临的问题。比如：

施密特先生担任了 25 年的部门负责人，后来由于工伤休了很长时间的病假，失去了这个职位，一个年轻的大学生取代了他。

请你将自己分别代入上述情境中施密特先生、现任部门负责人和人事经理这三个角色。

通过转换不同的人物视角来观察压力场景，可以训练我们自身在压力场景下的耐打击和抗抑郁能力。至于虚拟场景，你可以从电影、书籍、新闻报道当中寻找素材。

## 方法38：问题的作用

通过“换框”，我们也可以进一步探究问题本身，看是否可能产生某种预期之外的作用。多饮酒有没有可能真的浇愁？亲密关系中的一方因为失望而后退，会不会引起另一方的重视？一个学生让自己沦为全班的笑柄，是不是为了隐藏自身的不安？面对问题时，我们有必要转换视角，从以下几点来观察。

- **如果问题一下子解决了，那么你会失去什么？**
- **如果你不再为这个问题所困扰，那么你会用多出来的时间和精力来做什么？**
- **你是否偶尔也会拿这个问题当借口？**
- **通过审视这个问题，你是否意识到自己在某个方面承受了压力？**

## 方法39：屏幕放映法

虽然版本各异，但各种创伤疗法都会提及屏幕放映法，用于干预患者反复回忆创伤经历的行为。我们在处理日常问题时也可以使用这种方法，从而与压力场景保持一定距离。

想象你的面前有一块屏幕或者幕布，你可以把压力场景（过去的、现在的或者未来的）当成电影在上面播放。作为旁观者，你要观察自己在其中是如何应对的。你可以随时暂停或终止放映，也可以快进、后退或慢放，还可以调节亮度、色调和音量。

这种想象出来的旁观者视角可以让你与问题本身保持距离，也提供了新的角度。

下次老板交给你一个看似不可能完成的任务时，你就站到座位上，在头脑中开启一段时间旅行，或者召唤你的蜘蛛侠。说到底，工作也不过是困住你的众多箱子之一。

# 09 还有更糟糕的呢！

善用比较

## 还有更糟糕的呢！

善用比较

“哦，这只是一道割伤。

割伤？你们的胳膊都脱臼啦！

才没有！

那这又是什么？

哦，没事，还有更糟糕的呢！”

——巨蟒剧团《巨蟒与圣杯》

现在请你想着“鲨鱼”，看看会引发哪些联想。是不是仿佛看到巨大的背鳍迎面而来？可能你还会想到血盆大口和锋利的牙齿，甚至脑海里响起斯皮尔伯格的电影《大白鲨》中的背景音乐。

现在再想想“椰子”，你想到的画面是不是躺在加勒比海岸的吊床上，喝着可口的饮品，身边椰林婆娑，海风轻拂？

以上哪个画面让你更放松？这问题真傻，对不对？但你知道事实上鲨鱼和椰子哪个更危险吗？

如果你相信公开数据，答案是椰子。全世界每年发生的鲨鱼袭击人类致死事件屈指可数，而椰子砸死的人每年平均有 150 个。是不是突然觉得椰林没那么令人心情舒畅了？

这个例子说明，人类在评估风险方面没有任何天赋。所以，才会有那么多人因担心失事而不敢坐飞机，不敢开车的人倒是少得多。根据不同的数据来源，开车其实比乘飞机要危险 100 ～ 2 000 倍。还有不少人担心自己会遭遇恐怖袭击，你知道客观来讲什么比恐怖袭击更致命吗？几乎一切，比如在淋浴时滑倒、从梯子上掉下，或者被钓鱼线缠住脖子窒息而死。数据显示，如果你在美国，比起恐怖袭击，你更有可能被某个熊孩子枪杀。哪怕被闪电击中死亡的概率也比遭遇恐怖袭击要高。你知道还有什么事情的概率是被闪电击中死亡的 25 倍吗？误吞原子笔的零件被卡死。但是你更害怕恐怖主义还是原子笔呢？

对于这种认知偏差，有一种解释是媒体报道所致。世界各地的飞机失事常常会见诸报端，而新西兰的一场交通事故导致 20 人死亡，我们也或多或少会听到消息，但你知道我们的邻国昨天有多少人在交通事故中丧生吗？不知道吧？我也不知道。一件事情呈现在我们面前越频繁、越显眼，我们就会认为它风险越高。

另一种解释是情绪所致。和对大白鲨的联想一样，飞机失事或者恐怖袭击的画面也会激起我们强烈的情绪反应，哪怕我们坐在电视机前安然无恙。恐怖袭击的目的在于散播恐怖，就这一点来说恐怖分子确实很成功。

一些不涉及好恶的日常物品，比如原子笔，最多让我们联想到某个实际用途而非危险。另外，你知道世界上最危险的地方是哪儿吗？你的床，因为大多数人最后都在床上去世。

基于忽略可能性这种认知偏差，对危险事件的恐惧不仅会使人高估其发生的概率，还会使人夸大相应的防范措施的效果。这就是为什么许多美国人在经历了“9·11”恐怖事件之后不敢乘坐飞机，转而选择长途开车。但这样做反而导致交通事故死亡人数急剧上升。

## 方法40：数据

你如果偶尔想一想自己是如何落入忽略可能性的陷阱，就会唤醒身体里的统计学家基因。对于概率，我们既不能夸大也不能回避，要客观视之。很可惜，我们并不能 100% 保证自己不会遭遇鲨鱼攻击、飞机失事或恐怖袭击。许多我们通常不害怕的事情，客观来讲其实更危险。尽管如此，平安度过一天的概率仍然非常高。我这样说，你该放心一点了吧？另外，你能不能别再咬笔头啦!

我们人类不仅不擅长准确评估危险事件的发生概率，对压力事件的反应也往往过于冷淡。

想象一下，你是个手工制作重度爱好者，刚刚花费很多心血用 2 342 根牙签拼完了阿波罗 13 号火箭模型。尽管你跟弟弟说了无数遍，叫他不要在房间里踢球，他还是用一个蹩脚的倒钩射门把你的模型撞得稀烂。

请你先凭第一感觉，用 0 ～ 10 来评估你知道此事之后的心理活动；然后跳出事情本身，从相对客观的角度再次评估事情的实际严重程度。示例如下：

| 场景 | 心理反应 | 客观严重程度 |
|---|---|---|
| 模型损坏 | 10/10 | 5/10 |

现在再想象一下，当你下班回到家，你的家人全在院子里站着，六神无主地看着你家房子，连同你的模型在内的全部家当已经被大火吞没。请你再次评估此时的心理反应和事情的严重程度。

| 场景 | 心理反应 | 客观严重程度 |
| --- | --- | --- |
| 房子着火 | 10/10 | 10/10 |

再想象和上面相同的情形，只是这次你的家人不是站在院子里，而是被困在起火的房子里。

| 场景 | 心理反应 | 客观严重程度 |
| --- | --- | --- |
| 房子着火，家人被困 | 10/10 | 10/10 |

现在回过头来看看，你是不是想调整一下前两种情形的客观严重程度？调整之后可能是这样：

| 场景 | 心理反应 | 客观严重程度 |
| --- | --- | --- |
| 模型损坏 | 10/10 | 1/10 |
| 房子着火 | 10/10 | 5/10 |
| 房子着火，家人被困 | 10/10 | 10/10 |

看出什么了吗？我们并不能根据压力场景的实际严重程度来做出相应的反应，对不对？当然，我们还可以继续假设，比如家人和房子（还有模型）不是遭遇火灾，而是遭遇核泄漏事故。但我想，到这里你已经明白我要表达的意思了。

客观来讲，总会有更坏的事情发生，但我们的压力系统很容易达到上限。“把咖啡倒在电脑键盘上”和“被别人拿刀指着脖子”这两件事，可能使我们的压力激素水平一样高。

我们能不能把“总有更坏的事情”这种认知利用起来，变成比较策略呢？答案当然是可以，但要注意其中一个小问题，我用以下例子来说明。

你睡过头了，担心迟到半小时之后小心翼翼溜进办公室会被老板盯上？

你无力地瘫坐着，只因鼓起勇气邀请自己倾慕多年的女神（男神）喝杯咖啡，却惨遭拒绝？

你收到学校通知，自己家的小魔王又把同学给打了，对此你大为恼火？

根本就没那么糟糕，都是些第一世界问题[①]。想一想非洲挨饿的儿童，还有那些政治难民和战争难民！所以拜托你控制一下，其他人的处境比你更水深火热呢！

这话听起来是不是很耳熟？你向父母、伴侣或者熟人吐苦水的时候是不是听到过类似的回答？或者你自己也这样回答过别人，比如听到孩子抱怨为什么不给他买最新款游戏机的时候？也可能你和大多数人一样，从小被灌输不能总是抱怨？（“我不能抱怨，我已经拥有很多了，必须正能量一点！”）

这种比较其实十分低级，只是听起来像那么回事而已。你不能说这话不对，因为确实总有更坏的事，但这样只会让提出问题的人感到羞愧和内疚。“我无权抱怨”意味着我不允许自己表达或产生负面感受，就因为客观来讲其他人可能承受着更多痛苦。

---

① 相对微不足道的小问题或挫折，与发展中国家可能遇到的严重问题形成对比。——译者注

这种论调完全是站不住脚的。对一个不喜欢上学的学生，你要是告诉他“其他小朋友想去上学还没机会呢”，恐怕很难起到激励的效果。

一旦察觉到别人或者自己内心的道德感试图唤起我们的负罪感，你就可以果断拒绝这种笼统的比较。拥有全面的医疗保障当然是一种优势，但是你也不可能因为想着世界上那么多没有补充医疗保险的人，就会觉得根管治疗很愉快。

不管怎么说，这种方法背后的简单逻辑当然是无可辩驳的。比如，我摔断了一条腿，必须一连几个星期打着石膏、拄着拐，这的确很麻烦，但更烦人的是同时摔断了两条腿。这样一想，摔断一条腿肯定就没那么糟了，对吗？答案是明摆着的：既对，也不对。因为痛苦是高度主观性的。

当然，通过这种“总有更糟糕的”思维，我们至少可以认识到自己的情绪反应有多么的“一刀切”。

## 方法41：适度反应

如果你想最大限度地运用比较策略来提高生活质量，切记不要落入负罪感的陷阱，从而触发自身的防御机制。

观察自身反应时你不要做任何价值判断，而要允许自己产生负面情绪，同时要反思你的压力系统是否反应适度，还是说无论客观情况是否严重你都会有同样激烈的反应。

电视广告中有这么一个经典桥段：两个多年未见的男人偶遇，其中一个拿出一堆炫目的照片，向另一个显摆自己的财富——豪宅、豪车、游艇等。这时另一个马上转移话题，因为他看到照片心想：“他的房子比我的豪华，他的车子更好，游艇也更大啊！”当我们与更富有的人比较时，自己拥有的东西就好像低了一个档次。在和周围人比较时，我们同样会陷入这样的认知谬误：邻居的草皮就是比自己家的绿。

社会比较过程塑造了自我形象。这种比较有助于我们更准确地评估自己的强项和弱项，增强个人不断成长的意愿和动力，因此也被称为“良性嫉妒”。社会比较过程的影响是多种多样的：我们可以和相近的人比较（横向比较），比如和排名差不多的运动员相比；也可以向下比较，即和某一方面不如我们或者生活得比我们差的人相比；还可以反过来向上比较，即以那些比我们更成功、更有天分、更有魅力的人为参照来评估自己。

自我价值感较低的人往往倾向于向上比较，这种比较就不是良性的，它对自我提升没有帮助，通常只会让人自我贬低。

如果一个学生毕业考试没考好，那么他肯定会灰心丧气。他与那些顺利毕业的同学相比的时候，心里可能会想：我不如别人，我比大家都笨。这个结论有一个明显的漏洞：单讲学习方面，这个学生并非比别人都差，只是不如那些一次性通过毕业考试的学生罢了。

我们拿自己和身边的人相比是再正常不过的事情。我是个学者，日常接触的人也是学者，他们都有了不起的成就，我可能就会觉得自己比不上他们。我如果不是学者，跟身边那些不是学者的人聊天，也会产生这种类似的感觉。如果和水上健身小组的同伴相比，我觉得自己虽然有一点超重，但完全能接受。而对于职业模特儿来说，她们虽然本来就很瘦，但跟其他模特儿一比还是觉得自己很胖。

涉及饮酒或者使用其他成瘾物质时，这种比较中的谬误就会带来一个问题。你可能觉得自己喝得根本不算多，完全没问题，因为你的朋友们喝得都不比你少。但是你忽略了两点：一是你的这些酒友可能不足以代表所有人，二是世界上还有很多滴酒不沾的人。

要减少或修正这种比较谬误，可以借助客观尺度。你如果发现自己在与他人相比时有自我贬低的倾向，或者对应该关注的问题不够重视，就可以尝试借助客观标准来评估其中涉及的关键点，并确定其程度。

以智商（IQ）为例，可以用 IQ 值来评估。人类的 IQ 值呈正态分布，也就是说绝大多数人的智商为中间值（约 100），只有极少数人的智商处于极高或极低水平。

所以，如果你知道自己的 IQ 值，至少可以通过 IQ 测试来了解自己智商的各个方面，更准确地评估自己。如果你的 IQ 值在 100 左右，这说明你和 50% 的人一样聪明，比另外 50% 的人更聪明；如果你的 IQ 值超过 115，那你就比 84.1% 的人更聪明。

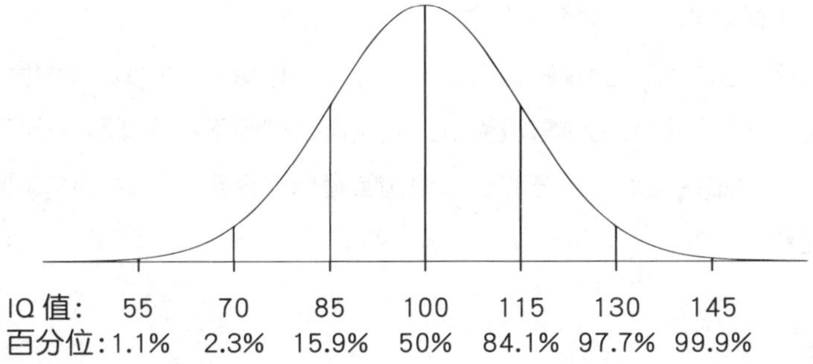


智商的另一个衡量标准是学业成就。德国联邦统计局的数据显示，德国大学的入学率在 50% 左右，也就是说一旦成为大学新生，从学习方面来讲，你就已经超过 50% 的同龄人了。如果我们用学习成绩来衡量智商，在上面那个毕业考试失利的例子中，学生的想法（“我比谁都笨”）就会变成“我比一半人聪明”。另外，德国大学的毕业率不到 30%，如果能毕业，那理论上你就比 70% 的同龄人要聪明。

但一个大学毕业生要是和他认识的那些继续攻读研究生的佼佼者相比，他可能又会得出跟上面那个没毕业的学生一样的结论：我不如别人，我比大家都笨。

这样很傻，对不对？严格来讲，大学毕业甚至取得博士学位都不能算作衡量智商的终极标准，这一点我们就不讨论了。

假如你和大多数人一样，没能成为上过大学的“精英”，甚至连中学都没毕业，我知道你至少还有一点强过很多同龄人：你识字。

你可能会反驳：“这有什么特别的，人人都会认字。”你错了！德国 18 ～ 64 岁的人群当中，有 12% 的人不识字，其中大部分是德语母语者。因此，你可别小看了自己掌握的技能。

另一个十分主观且经常被拿来横向比较的关键点就是身材。

如果我在沙滩上晒太阳的时候，不远处刚好躺着一群牙齿白得晃眼、身材无可挑剔的健身达人，我可能马上就会极其嫌弃自己，心想：“我真是地球上最难看的丑八怪了。”

好吧，虽然我心里也知道自己不太可能是地球上 70 多亿人中最丑的，也不是人人都觉得肌肉最有吸引力，但我还是控制不住这样贬低自己。

所以，如果发现自己在和他人相比时有自我否定的迹象，你就要当心这种笼统的论断。

## 方法42：可视化类比标尺

如果某个关键点没有现成的客观尺度（如 IQ 值）可参照，你可以尝试自己建立一个比较尺度。你需要用到“可视化类比标尺”：画一条直线代表你想要和别人比较的那个点，首先找出代表两个极端的例子，然后将你和其他人分别标注在这条线上。

以吸引力为例，标尺差不多是下面这样。

标尺负面一端的例子是《巴黎圣母院》中的卡西莫多，正面一端是 2019 年全球“最性感男性”约翰·传奇或“最性感女性”奥莉维亚·库尔普。

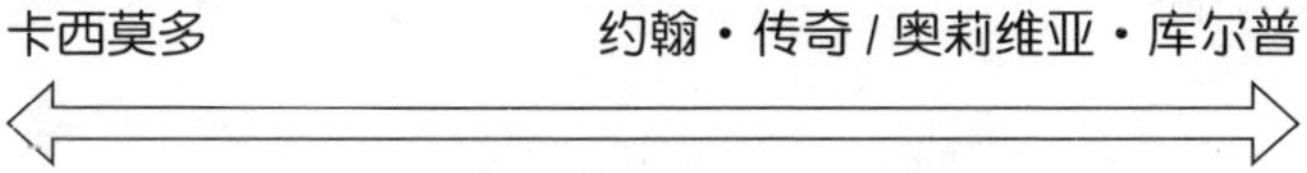


接下来，你要从所有你认识的人当中随机选择标注，用一个 × 代表一个人，尽量多标注几个，差不多像这样：

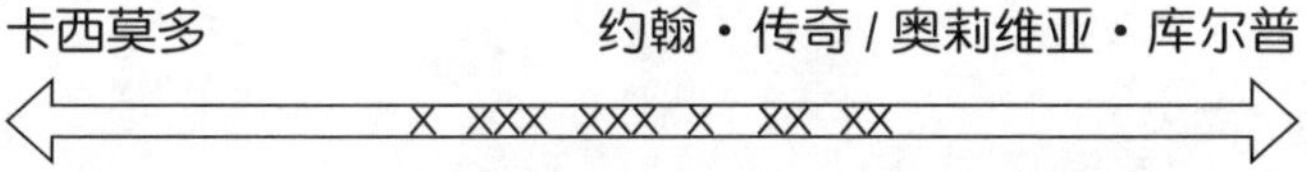


你自己在上面处于什么位置？真的跟卡西莫多差不多吗？

如果经过上面的练习，你仍然觉得自己是全世界最丑的人，别忘了，吸引力只是我们与别人相比的无数方面之一。说不定卡西莫多下起象棋来比约翰·传奇厉害多了。

更重要的是，吸引力无疑是极其主观的属性。被某本杂志评为“年度最性感人物”的人只不过符合传统的大众审美而已。

我们将自我评价寄托于同他人的比较之中就已经够糟糕的了，我们还常常忽略一点：不是所有金子都会发光。我们无时无刻不被广告、选秀节目和网红交织而成的旋涡裹挟着，深陷于虚拟世界，误以为其他人都比自己更美、更强、更好。外星生物如果看到我们的社交媒体照片，恐怕会以为绝大部分地球人都是拥有完美身材的千万富翁。

总而言之，我们可以确信人类无法准确评估风险，无法对压力场景做出适度的情绪反应，也无法进行客观的横向比较，但这绝不是我们“破罐破摔”的理由啊！大可不必把我们偶尔掉线的大脑产生的每一个念头都当真，如果你能分辨生活中的那些陷阱，就能更好地避开它们。

是不是一切都没那么糟了？毕竟总有更糟糕的呢。

# 10

# 最后一块蛋糕

## 正确归因

## 最后一块蛋糕

### 正确归因

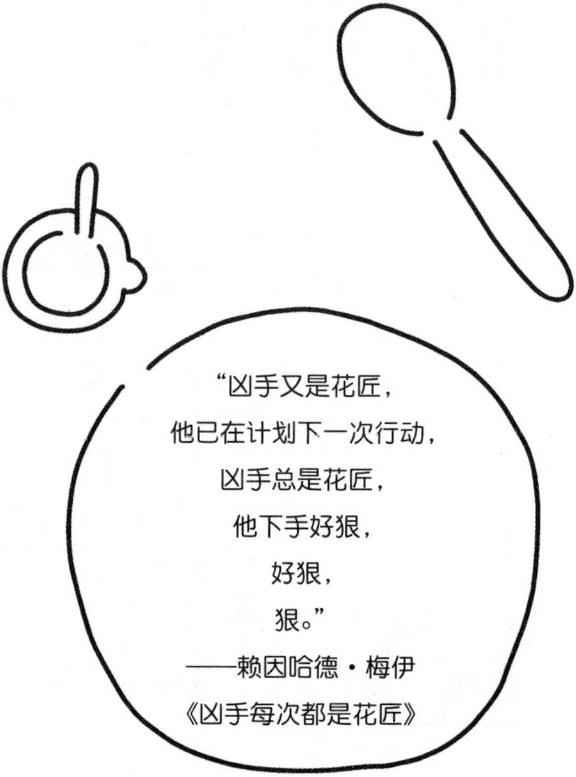

你的责任心如何？你是出了问题会马上自我反省，还是习惯把过错推给别人？另外，取得成功时你会谦让吗，还是不论自己是否有贡献都喜欢抢功？

每个人的个性、教育背景和生活经历不同，对待成功和失败的态度也不一样。

社会心理学试图运用归因理论来揭示人类如何将自身行为和他人行为合理化。其中，原因被分成不同维度，便于我们直观地得出结论。

一方面，我们会判断成功或失败的原因在于我们自身（内因）还是外部环境或别人（外因）；另一方面，我们会分析成功或失败的原因是客观事实（常量）还是可变因素（变量）。这就构成了归因四象限：

| | **内因** | **外因** |
|---|---|---|
| **常量** | 能力 | 客观事件 /<br>外部环境 |
| **变量** | 压力 | 偶然因素<br>（好运 / 霉运） |

比如我考试失利，可以归结为以下几个方面的原因：一是我就是个草包（内部常量），二是我这次没认真复习（内部变量），三是运气不好，考的刚好是我没准备的内容（外部变量），四是监考实在太变态（外部常量）。

| | 内因 | 外因 |
| --- | --- | --- |
| 常量 | 我不够聪明 | 监考太严格 |
| 变量 | 我没准备好 | 考题没出好 |

成功的经历也可以从不同角度来评价。比如，我要到了漂亮女服务员的电话，可能因为我是个“海王”（内部常量），或者因为我搭讪的时候用对了话术（内部变量），也可能因为她人太好了，不忍心拒绝任何人（外部常量），还可能因为她太累了，只想给我一个错误号码好赶紧摆脱我的纠缠（外部变量）。

我们如何评价自己的成功和失败，在很大程度上影响着自我价值感。

| | 内因 | 外因 |
| --- | --- | --- |
| 常量 | 我有魅力 | 她人很好 |
| 变量 | 我这次表现好 | 她太累了 |

假如总是把成功归于外因，失败归于内因，则不利于正确评估自我价值。由此产生的自我形象就是，在失败时强调自身个性和特质的负面影响，而认为成功都在自己掌控之外。

如果出了问题，那就刚好证明自己是个衰人；如果进展顺利，就肯定与我无关（起码不是因为内部常量）。

**失败：**

| | 内因 | 外因 |
| --- | --- | --- |
| 常量 | + | / |
| 变量 | / | / |

**成功：**

| | 内因 | 外因 |
| --- | --- | --- |
| 常量 | / | + |
| 变量 | + | + |

抑郁症研究一般表明，这种消极的归因方式与“习得性无助”有关，而后者是抑郁症产生和存续的一个重要因素。患者深信，自己对生活几乎没有或者完全没有掌控能力，因此放弃一切改变自身处境的努力，只能不断退缩。

按照这个逻辑，就不难理解为什么有的学生面对难度较大的考试宁愿直接裸考，或者至少在同学面前宣称自己没怎么复习，而不是全力以赴去准备。这样一来，如果他们最后通过了考试，就可以解释为自己脑子灵光（内部常量）；如果考砸了，就从外部或者内部变量上找原因。即使最后可能还是跟自身有关，也不是由于自己不够聪明，而是这次没有好好看书，所谓“宁做懒人，不做蠢材”。

这种策略究竟有没有意义暂且不论，每次取得成功都马上夸赞自己，失败时迅速从别人、天气或者整个宇宙找原因，虽能提升你的自我价值感，但让你失去了从错误中汲取教训、改进提升的机会。

**失败：**

| | 内因 | 外因 |
|---|---|---|
| **常量** | / | + |
| **变量** | + | + |

**成功：**

| | 内因 | 外因 |
|---|---|---|
| **常量** | + | / |
| **变量** | / | / |

想象一下，你找工作有一段时间了，收到的回复却不尽如人意。你当然可以抱怨外面形势不好，不管怎么努力还是一无所获。

| | 内因 | 外因 |
|---|---|---|
| **常量** | / | 求职行情 |
| **变量** | / | / |

得出这样的结论虽然是人之常情，可以理解，却会造成一种无力感，进一步破坏你的求职动力。

具体分析包括内部常量、内部变量和外部变量在内的所有因素，也许可以提供一些思路，让你在后续求职过程中更有针对性。

在亲密关系中也存在不同的归因方式。在积极的关系当中，一方的示好往往会被解读为正面的个人特质。

**正面互动：**

| | 内因 | 外因 |
|---|---|---|
| **常量** | 他送我花，因为他是个可爱的人儿 | / |
| **变量** | / | / |

同时，一些令人不快的行为会被解释为外部因素的影响。

**负面互动：**

| | 内因 | 外因 |
|---|---|---|
| **常量** | / | / |
| **变量** | / | 他没有认真听我说话，但他确实工作压力太大了 |

在消极的亲密关系中则相反。

**正面互动：**

| | 内因 | 外因 |
| --- | --- | --- |
| 常量 | / | / |
| 变量 | / | 他送我花是因为加油的时候赶上鲜花特价 |

**负面互动：**

| | 内因 | 外因 |
| --- | --- | --- |
| 常量 | 他没认真听我说话，因为他就是个只顾自己的浑球儿 | / |
| 变量 | / | / |

与自我价值感较高的人以及积极关系中的伴侣相比，自我价值感较低的人和消极关系中的伴侣有着不同的互动模式。我们如果换个方向观察这种联系，可能会发现归因方式的改变能够提升自我价值感，增强亲密关系中的共情和理解。在认知疗法中，我们也可以通过这种方式来缓解“习得性无助”，把它作为治疗抑郁症的有效手段之一。

## 方法43：归因维度

为了提高自我价值感，预防抑郁症，促进对自身和他人行为的多元化归因，你可以进行以下练习。面对成功或失败时，按照归因四象限系统地分析原因。你可以尽量从四个方面都找一找，一般不会只有一种解释。

另外，负罪感也取决于我们给自己划分的责任大小。举个例子：

T 先生在暴雨中等公交车时目睹了一场严重的交通事故：一个骑自行车的年轻人没有戴头盔，闯红灯时被一辆汽车撞倒。汽车司机肇事逃逸，T 先生和另一个路人马上过去查看那个年轻人的情况。只见他头部受伤，鲜血直流，躺在地上一动不动。另一个路人马上打电话叫救护车，与此同时，T 先生小心地尝试急救。但 T 先生已经有 10 多年没用过急救知识，不太记得该怎么做了。另一个路人也束手无策，他说自己完全不懂急救。由于天气很糟糕，又赶上晚高峰，救护车过了很久才赶到。伤者终于被拉走了，T 先生心里非常内疚，他觉得如果那个年轻人没挺过去，自己要负全部责任。虽然后来年轻人幸运地脱离了危险，他的父母还来向 T 先生致谢，但是 T 先生内心的负罪感丝毫没有减轻。

认知行为疗法中有一个方法是将心中的责任划分用饼状图的形式呈现

出来。你应该在电视上见过饼状图，展示选举结果的时候通常会用到，得票数最多的候选者占据图中最大的一块区域。

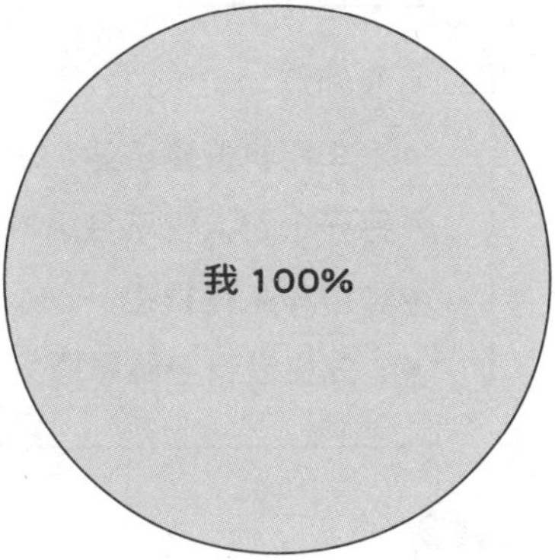


T 先生坚信，自己承担 100% 的责任，他的饼状图中只有自己。

我们当然可以轻描淡写地安慰 T 先生：“不是你的错。”但负罪感往往强烈到足以让人屏蔽一切。由于 T 先生至少感性上坚信自己有错，那么与之相反的言论可能会引起他内心的抵触。

有效的安慰可能是，首先让他把责任分给其他因素。也许 T 先生愿意跟我们一起探讨，看看在这次事件当中还有哪些因素应当承担责任。

比如，糟糕的天气，骑车的年轻人没戴头盔且闯了红灯，汽车司机肇事逃逸，另一个路人也不会急救，救护车来得很迟，等等，可能都有影响。

接下来，我们应建议 T 先生按顺序确定每一条的责任大小，最后判定他自己的责任比重，比如像下面这样：

- **糟糕的天气：3%**
- **没戴头盔：30%**

- **闯红灯：40%**
- **汽车司机肇事逃逸：20%**
- **另一个路人也不会急救：2%**
- **救护车来得很迟：4%**
- **T 先生没有熟练掌握急救知识：1%**

凭直觉正确分配责任比重并不是件容易的事，因此各个方面所占的比重需要来回调整，直到趋于合理。以上示例转化成图形大概是旁边这样。

当然，T 先生可能不认同这样的分析，他想把自己的责任比重提高一些。即使提高到 10%，甚至 80%，也比 100% 要好多了。

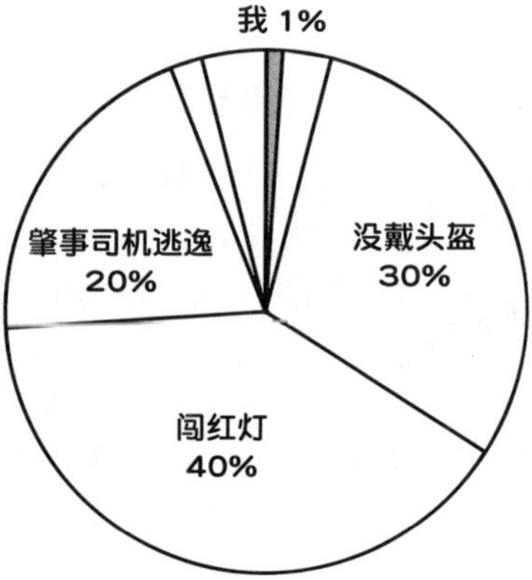

## 方法44：饼状图

当你产生强烈的负罪感，或者过于夸张的责任感时，你就可以运用饼状图。

（1）说出你的负罪感背后的想法。例如：我觉得都是我一个人的错。
（2）用百分比描述这种想法的强度。
（3）列一个清单，写上其他所有可能促成事件发生的因素。
（4）列完清单后，把“责任蛋糕”分配到每一条。
（5）重新评估负罪感背后的想法。

下次习惯性地把“责任蛋糕”都堆到自己盘子里的时候，你就别再硬着头皮吞下去了，需要我们负全部责任的理由基本上是不成立的。

哪怕在赖因哈德·梅伊的歌曲《凶手每次都是花匠》里面，最后的凶手其实是管家。

人们一直都知道，
人们一直都知道，
人们一直都知道这一点。

# 11

# 小粉象旋转木马

应对内耗

## 小粉象旋转木马

应对内耗

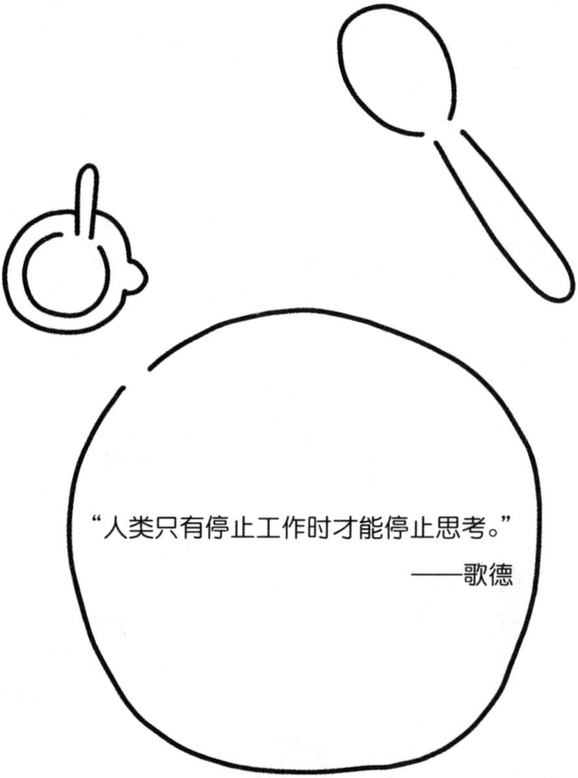

你今天有没有想起小粉象？没有吗？我也没有。你愿意的话，现在我们来做个小实验。在接下来的 10 秒钟，你可以在脑中想象任何东西，除了小粉象。准备好了吗？那就开始吧（不开玩笑，试试看）。

如果你跟我情况差不多，那么当你告诉自己绝对不可以想小粉象的那一刻，你肯定看到了一屋子的小粉象。为什么会这样？我们整天努力避免想起小粉象，但在有意回避的同时，我们的思维就完全被它占据了。

这种思维抑制现象说明我们大脑的机制是多么不合理。如果我们在一台电脑上输入 A 程序，那么电脑会按照这个程序运行，完全不牵涉 B 程序。但我们无法有意识地避免想起某个事物，因为我们一旦动了这个念头，也就想到了它。很混乱，对不对？

好，现在你差不多成为能够保持 10 秒不去想小粉象的那一小部分人之一了。通过集中注意力和刻意转移注意力，保持一段时间不去想某件事情是完全可能的，但时间越长难度越大，并且这样做也会耗费大量精力。比如，为了阻止自己想小粉象，你决定一直想着小蓝象，那你还怎么能够同时处理日常事务呢？这样会让人筋疲力尽，对吧？

对于这个问题，接纳承诺疗法用充气沙滩球打了一个比方。想象你在海边享受着夏日阳光，但手边的沙滩球让你莫名烦躁，你就是不想看见它。因此你拿着球走到水边，想把它埋进水里。由于球充了气有浮力，你很难把它按下去。每次你把球完全按进水里，它就滑到一边然后浮上来。你按得越深，球反弹越强，有几次甚至险些撞到你脸上。费了九牛二虎之力，你终于让球在水里消失了一小会儿，但今天想在海边休息休息是不可能了。没法儿去游泳，吃不了冰激凌，除了跟球对抗啥也干不了，但你跑到海边来可不是为了这个呀!

我们虽然很快就意识到这种“我不能想”的方法完全没有用，但是每天都会用到它。比如，我努力让自己的大脑屏蔽贾斯汀·比伯的洗脑口水歌，却总是适得其反。这就像对未来的担忧、对过去的反刍和对社会不公的思虑，哪怕我尽力压制，它们还是在脑海中盘旋。同样地，我越是极力阻止自己考虑这些，它们就越是频繁地纠缠我，最终只会让事情更糟糕。这类想法对应的学术概念叫“侵入性思维”，究竟该如何应对呢?

首先要明白我们为什么会陷入这种思维。总不可能是因为人类有受虐倾向，喜欢自我折磨吧?

潜意识想要通过这种精神内耗来告诉我们什么是重要的，并且确保我们不忽视任何风险，会统筹考虑所有解决方案。这还挺合理的，对吧?唯一的问题在于，在这种情况下，我们的思维往往杂乱无章，像旋转木马一样困在原地，仿佛从一个废墟跳到另一个废墟，直到主人筋疲力尽，命令自己停下。然后旋转木马很快又从头来一遍，开始新的一圈。

为了阻止侵入性思维，心理治疗中有三种不同的方法：暂停、接受和对抗。

## 方法45：暂停思考

暂停思考是一种古老的行为治疗手段，即通过有意运用语言、手势或者强烈的感官刺激来中断无益的精神内耗。

开始胡思乱想时，你马上坚定地对自己大声说“停”，或者憋一口气快速重复；你也可以想象自己面前竖起了一块大大的“停止”牌。

你也可以借助能够强化内部张力的手势向潜意识发出指令，你要挺直身体，摆脱空想的泥淖，比如用拳头捶桌子（不要伤到自己），跺跺脚，快速从座位上站起来，两腿分开站着，蜷起脚趾，专注于站在地面上的感觉（“接地气”）。

暂停思考的另一种形式是强烈的感官刺激，比如用力拍手，握住冰块，在手臂上缠弹力带（再次提醒，不要伤到自己），用冷水洗脸或者咬一口鲜红的辣椒。

如果你看到这里不屑地翻起了白眼，觉得上面这些互相矛盾，那就对了。基于思维抑制悖论，有意不想某件事情，比如小粉象或者贾斯汀·比伯的歌，至少长时间来看是不可能的。即使暂停思考，你也无法持续抑制破坏性的思虑，这种方法只能短暂切断你的内耗回路。

想象一下，你正在数从沙发缝里清理出来的一堆硬币，突然听到一声巨响，你吓了一跳，第一反应是查看响声的来源。你从窗户往外看，原来是邻居在尝试发动他的老爷车。你回过头继续清点，但是刚才数到多少了？那一响声打断了你的思路。

出现这种情况的原因在于我们与生俱来的反射。惊吓反射是心理和身体对一定强度的刺激做出反应，同时会激活我们的自主神经系统，让身体进入防御状态。随之而来的是导向反应，这种“发生了什么”反射也自动适用于新的刺激。以上两种反应都能短暂地中断我们的思路，以便我们调动所有资源，准备应对新的、可能很危险的刺激。

暂停思考正是利用了这一点，让我们从内耗的旋转木马上下来，哪怕只有一小会儿。当然，我们的担忧和思虑并不会就此烟消云散，随时还会卷土重来。你大喊一声“停”或者用力拍手来切断神经系统的内耗回路，相当于开启了一个短暂的时间窗口，这时你可以从外部观察你的旋转木马。

阿德里恩·韦尔斯基于对思考的批判性探究创立了元认知疗法。由于精神内耗很少产生有益的答案，“我的思考很重要”这种想法自然就被否定了。

当通过暂停思考使旋转木马停下时，你可以问问自己：继续枯坐一小时，产生绝佳灵感的概率有多大？如果觉得可能性很大，你就继续，无论如何也要继续。但如果凭经验或者正常人的理解力判断，再纠结一小时很可能还是没有头绪，你就可以用暂停思考的办法，鼓足干劲给你的潜意识发出信号，把精力花在更有意义的事情上。接下来试着立刻投入有益的行动，比如慢跑一圈或者整理阁楼。

如果侵入性思维有重新冒头的趋势，你可以再次使用暂停思考法。反复运用可以建立调节程序，令你的大脑在收到停止信号后更轻松地进行调整。

在行为治疗中，患者一般会用简单的手势表示自己开始进入破坏性思考，这时治疗师就会发出停止信号。是的，你想得没错，治疗师会对患者大喊一声“停”（当然，这需要事先征得患者同意，并且以医患之间的良好信任为前提）。可能听起来有点儿怪，但这种方法在实践中对于缓解内耗确实有效。

你自己也可以完成暂停思考训练，效果和上面是一样的。

对抗精神内耗的另一种方法是基于接纳的疗法。

你如果越努力压制，就越难以摆脱脑海里的小粉象，那么可以如实接受。这样做并非听天由命（况且要接受贾斯汀·比伯也很难），而是你清楚地知道，接受反而更容易摆脱内耗。

你可以放下手中的沙滩球，让它浮在水面上。虽然你还是看得到它，但它会一直浮动，海浪会推着它忽远忽近。无论如何，至少你可以专注于海边的美景，好好享受这一天，可能在这个过程中球自己就漂走了，消失在你的视野里。

## 方法46：溪中之叶

接纳承诺疗法创始人海斯借助“溪中之叶”这个比喻提出了一种运用想象力应对内耗的方法：溪中之叶练习。

你现在是否刚好有纠结的事情？你愿意的话，可以马上尝试一下这个方法。如果眼下没有困扰你的想法，你可以用小粉象来试试。

首先找一个舒服的姿势，想象一条小溪从森林中流过，把周围看到的、听到的、闻到的、感觉到的都想一遍，越具体越好。然后想象自己在溪边找到一块空地坐下，舒适惬意。你开始观察岸边树上的叶子是怎样一片片落下，飘到水面上，最后随着溪流缓缓经过你身边。

当产生一个负面想法时，你要集中注意力片刻，想象自己用两根手指把它从脑海中拎出来，放到其中一片叶子上，或者把它转化成叶片上的文字或图画。观察这片载着想法的叶子缓缓从身边漂过，不必跟随它，也不必驱赶它，可能它不知什么时候就消失在某个拐弯处。也许你又陷入了新的想法，那就再重复一遍这个过程。

当把一个想法放到叶片上之后，你尽量不要改变它，也不要改变水流的速度，只要继续观察它怎样从你身边经过。如果叶子偏航了，或者你发现自己在追逐某一片叶子，那么在确认之后，你可以重新回到刚才坐的位置，不必为此生气。

照这样把所有你纠结的问题都放到一片片叶子上，然后看着它们随溪水流走。下次再陷入精神内耗时，你可以有意识地想象溪中之叶。经过反复练习，这个方法的效果会越来越好，你也会感到越来越轻松。

除了暂停策略和接受策略，还有一个缓解精神内耗的方法：行为治疗中的对抗法（暴露疗法），指的是刻意触发引起恐慌的因素（内耗背后的焦虑），使自己长时间、高频率暴露其中，直到焦虑减弱，不再引起恐慌为止（详见下文）。

你如果现在觉得自己已经准备好长期与内耗引起的恐慌做斗争，再回头想一想旋转木马。大部分内耗是潜意识的一种回避策略，你的思维在混乱和漫游之间反复切换，就是不肯直面客观现实。短期来看，这种做法可以让你回避令人不适的问题，长期而言原地打转的思虑无疑是一种折磨。

暴露疗法则完全相反：你有意识地直面自己的焦虑，不允许回避。行为治疗中这个过程要么是通过和治疗师面对面谈话完成的，要么是作为诊疗后的任务来完成的。总之，计划越具体、有序，越容易成功。

# 方法47：暴露疗法

你如果想要摆脱长期困扰你的某个念头，可以试试下面的方法。

- 首先，与自己约定一个时间，确保在这个时间内不被打扰。
- 除了确定开始时间，也要确定“暴露”的时长。例如刚开始设定 15 分钟，如果发现不够，下一次再延长。
- 务必准时开始（可以在手机上设置提醒），准时结束（也在手机上设置提醒），在时间用完之前不要停止。听起来有点矛盾，对不对？哪怕你可能没有进一步思考的欲望，还是要继续。也许过了 10 分钟你甚至觉得很无聊，那就太好了！这说明你对这种内耗感到腻味了，没有兴趣了。就像总也吃不够的芝士味冰激凌，你如果边看剧边消灭了一桶家庭装，可能就再也不想吃了。

- 做这个练习时，你需要选一个最好没有其他用途的地点，不能是平时睡觉、吃饭或放松的地方，可以是角落里的一把椅子或者家里的储藏室。
- 你唯一需要的用具是可以写字的东西，在练习过程中要把想到的所有内容都记录下来。即使发现自己在原地打转，思维总是回到已经写过的内容上来，你还是要继续。之后，你需要把记录的内容全部回顾一遍，确保没有遗漏。
- 你如果是那种时不时陷入精神内耗的人，就有必要给自己规定一个时间。当你的潜意识明白星期天 11 点和 11 点 30 分之间是每周固定的神游时间，其他时间就可以放心休息了，因为它知道你会在这个特定的时间段巨细无遗地复盘一遍生活中的所有风险。
- 如果还没到规定时间就被某个想法缠上了，那你就把它记录下来，告诉自己，你会另外找时间处理。比如，你可以在床头放一本便笺本，以便记录睡前产生的一些折磨人的思虑。

总体来说，我们可以运用暂停思考法来中断内耗，也可以接受头脑中的思虑并任其流逝，还可以每周在地下室里坐上半小时，戴上耳机沉浸式体验贾斯汀·比伯的音乐，直到不再产生任何不适。停!

# 12

# 我思故我在，思我之存在

## 疏通卡壳的思维

## 我思故我在，思我之存在

### 疏通卡壳的思维

“吃下蓝药丸，那故事就到此为止，你会在自己的床上醒来，然后相信你自己愿意相信的东西。吃下红药丸，你可以继续留在这个‘仙境’，而我将向你展示这个‘兔子洞’有多深。”

——墨菲斯，电影《黑客帝国》

我失手打翻了杯子，看着咖啡像电影慢镜头一样浸透刚填好的个税申报表时，不由得在心里骂了自己一句："笨手笨脚！"这个念头迅速闪过脑海，瞬间占据了我的全部思维，"我"的其他部分仿佛都消失了，脑中只剩下一个想法："我是个笨蛋！"

在日常生活中，类似的自言自语总是在我们还没来得及细想的时候就侵入思维，更别提探寻究竟了。每当吹毛求疵的自我意识找到哪怕一点点由头，我们就忙不迭地又一次给自己打上大写加粗的标签——胆小鬼、自由散漫、倒霉蛋、失败者、受害者、狠心的父母、残忍等，或者对自己说一句："不愧是我！"

怎么会这样呢？难道我们一出生就自带标签吗？——这个宝宝属于"笨蛋"那一类，给他额头上盖个戳完事儿？或者这种标记是后来才有的，比如在幼年时？这是父母、幼儿园老师或足球队教练给我的评价吗？"小心点，你个笨蛋！"

虽然起源已经不可考，但认识到反复给我们打上标签的人其实是自己，很重要。这个标签是不是已经和自我形象融为一体，哪怕再怎么努力也分辨不出来了？更重要的是，我果真是个笨蛋吗？真的吗？

你如果现在意识到你也给自己贴上了某些扭曲的标签，那么可以进一步观察，看看它们的具体含义是什么，比如找出它的定义。"笨蛋"一词在杜登在线词典中的解释是：极其没有天赋的人。那是不是打翻一杯咖啡，就说明我是个极其没有天赋的人呢？但是我对电脑比较在行呀，还会安装从宜家买的柜子，这些难道不是反例吗？从平均水平来看，我真的比作为对照样本的大部分人要差吗？

你觉得这个问题很难回答，对吧？这正是我要解决的。你被身上的标签误导了，以为这样复杂的评价可以用一句话笼统概括。因此，别再把你的大脑在紧急情况下产生的所有想法都当真了。即使你已经给自己（或者别人给你）贴了一辈子标签，也不见得它就是对的。

另外，对生活状况以及未来的评价也可能是一种标签。比如，“灾难”之类的词可能偶尔会出现在你的脑海甚至日常对话中，你可能会说：“要是我没赶上最后一班公交车，可就要大难临头了。”也许你也是那种人——早上醒来看到前一天晚上聚会留下的一片狼藉，拍着脑门儿叹息：“上帝呀！”你看，这就是我们思考和说话的方式。

你如果发现自己在日常生活中会用这种夸张的表述来评价或形容某件事情，就要多加注意了。理智上你很清楚，“错过公交车”与自然灾害、战争、地球陷落相比根本算不得灾难，但你每次说出这个词时都会引发相关的联想。不论你是否信教，拍着脑袋喊“上帝”这种姿态更像是末日降临时祈求赦免，而不适合对着肮脏的烟灰缸表现出来，对吧？

我们用来描述一段经历的词语对经历本身也会有一定影响。为了理解这一点，首先要如实分辨自己的想法，然后与之保持距离。

想象一下，你的鼻子紧贴着一幅画，离得非常近，以至整个视野都被这幅画占据。你现在什么都看不清楚，感觉很不舒服，但是只要退一步就能看到整幅画。它被装裱起来，看上去好像是一幅写实画，现在你可以品评一番了。可能你完全不喜欢这幅画，或者对艺术没兴趣，但是要明白你是在博物馆里而不是在画里。

接纳承诺疗法中有一个概念叫“认知融合”，即我们关于自己的某个想法或评价与现实生活融为一体。比如，“我是个笨蛋”或者“这是个灾难”这种念头超越了主观想法的范畴，被当成客观现实。

针对这种思维扭曲，一个很有效的疏导方法叫作“认知解离”，其目的在于将思维内容和现实分离。与思维内容保持距离并对其进一步探究的具体策略有很多种。眼下你是否受到某个思维标签的困扰呢？如果是，你可以尝试以下方法。其中有些可能看起来有点儿可笑、奇怪，甚至傻气，但请你相信我，这些都是被实践证明的有效方法。

## 方法48：我有个想法

将你的想法重新表达出来，在前面加上“我有个想法，那就是”；注意“我是个笨蛋”和“我有个想法，那就是‘我是个笨蛋’”两者之间细微但关键的区别。想象天空中飘浮着一片云，告诉自己，你不是那朵云而是那片天空。

## 方法49：纸上墨痕

把你的想法写在纸上，然后问自己：“我看到了什么？”回答肯定不会是“一个笨蛋”或“一场灾难”，而是“一句话”、“一个词”、“一个字母”、“纸上的墨痕”或者“一个想法”。定期把这张纸拿出来看一看，或者干脆带在身上一段时间，你会发现你写下的这个想法慢慢失去了影响力，最终就只是一个念头而已。

## 方法50：气球

把你的想法写在气球上，慢慢吹起来，观察字迹一点点放大、变形，直到无法辨认。然后放气，口子对着你的脸，你的想法只不过是一股温暖潮湿的气流。再吹气，这次放气的时候只留一个小口，你能听到你的想法发出尖锐刺耳的声音吗？松开手，你会看到气球在房间里“嗞嗞”乱窜，最后撞上墙壁。

## 方法51：让你的想法去旅行

把你的想法写在一张纸上，叠成飞机，让它从桥上俯冲而下，或者叠成小船放到湖中，抑或揉成团，像投篮一样把它扔进废纸篓。

## 方法52：告别仪式

为你的想法举行一场告别仪式，把它写在一张纸上，然后烧掉或者埋进土里；或者写在孔明灯上，直接放飞。

## 方法53：艺术评论

把你的想法画出来，画成什么样子都不要紧，抽象派或现实派都可以，尽情释放你的艺术天赋，比如画个火柴人和一杯打翻的咖啡。用艺术评论家的眼光看看你的大作，不过只评论形式，不评论内容。

## 方法54：漫画

把你的想法想象成一幅漫画，比如给自己设计一个极其夸张的笨蛋形象。你看过罗里奥特的小品《画挂歪了》吗？没有的话，去视频网站找来看看，现在就去，我等着你！为什么要看？嘿，因为它很有意思呀。哎呀，主要是因为罗里奥特在里面扮演了一个十足的笨蛋。不妨顺着你那些歪曲的想法再往前一步，自己笑笑自己。

## 方法55：模仿声音

用不同的音调和音色把你的想法说出来。如果能模仿更好，越怪异越好，模仿米老鼠、唐老鸭或者黑暗尊主达斯·维德都行。

## 方法56：慢动作

面对镜子，用极慢的语速说出你的想法：我——是——个——笨——蛋！

## 方法57：绕口令

大声重复你的想法，至少坚持 1 分钟。在这个过程中，你要逐渐加快语速，就像念绕口令一样，中途说错了也不要紧。“灾难，灾难，灾难，摘难。”

## 方法58：三个中国人拿着一把低音提琴

你还记得有一首儿歌叫《三个中国人拿着一把低音提琴》[1]吗？像歌里一样，把你的想法当中所有平舌音、翘舌音都换成同一个，然后重复念上几遍：“这致（是）一长（场）摘（灾）难！”

① 一首德语儿歌。——编者注

## 方法59：卡拉OK

把你的想法套上不同的旋律唱出来，儿歌、电影主题曲、网络流行曲、经典交响曲、摇滚乐等都可以。

## 方法60：缠人精

把你的理解力想象成独立个体或独立存在，它负责把你的想法放在银盘子上端到你面前，你可以给它取个名字，比如缠人精、牢骚鬼、批判者，或者给它一个普普通通的人名，例如张三。然后想象你跟张三之间进行一场谈话，可能你会驳斥它（张三，听着，现在这样挺好的），或者旁敲侧击（一场灾难吗，张三？这就算灾难吗？你确定你没有一点点夸张吗）。

你应该注意到了，所有的解离方法都遵循一条原则：陌生化。你将那些沉重的想法孤立、远离、外化、操控或画成漫画，就会意识到想法只是想法，并没有什么特殊的力量。力量最终掌握在棋手而不是棋子手中。

所以，下次你要特别关注这种歪曲的、笼统的认知，防备它们偷袭。笛卡儿的名言“我思故我在”依然成立，但我的存在不只是我的思考，顶多思考的对象是我的存在。

啊，是不是有点烧脑？

还是说，只是你感觉如此？

# 13

# 药方：甩头

激活你的动力源

**药方：甩头**

激活你的动力源

什么对你有好处？做什么能让你放松？你觉得什么事情比较有趣？逆境中你会怎样排解压力？你怎样给自己“充电”？简而言之，你的动力源是什么？

可能你还需要思考片刻，也可能答案像竹筒倒豆子一样往外冒。

> 躺在草地上看云。
> 开一瓶红酒，照着菜谱慢慢烤一盘千层饼。
> 和好朋友一起犯傻。
> 鼓捣一番心爱的老爷车。
> 周末和我的宝贝儿一起健身。
> 播放最爱的重金属音乐，在屋子里肆意甩头。

你肯定多多少少能想到一些对自己有益处的事情（对你有益的事和对别人有益的事可能完全不一样），但是你有没有尝试全面梳理一下你的动力源呢？更重要的是，你的动力源有没有发挥出全部作用呢？

生活总是给我们提出各种挑战，制造各种负担。工作压力、健康问题、人际关系都可能迅速消耗我们的能量，一切突然变得很艰难。有时候，生活就像脖子上挂着一个千斤坠，将我们不断往下拉。这时候，我们可能忘记了能量平衡：我们可以主动激活能量源或动力源，用积极体验来对冲困境中的压力，甚至预先强化自身的抗压能力。

你可以想象有一个天平，只要压力和动力两边的砝码重量相当，它就能保持平衡。

实际上，这是个极其简单且老掉牙的原理，但总是说起来容易做起来难，对吧？

此外，我们已经知道，丧失或者缺乏动力是抑郁产生和持续的重要原因之一。根据心理学家彼得·卢因森 1974 年提出的强化剂缺失模型，人的情绪与动力源激活情况密切相关。我如果感觉不错，就有足够的兴趣和精力来激活动力源（以及正强化）。我会随意做一些很棒的事情，周末出门转一转，定期和朋友见面。这些正强化反过来又会提振我的情绪，增强我的动力。我越是多做那些对自己有益的事情，状态就越好。

但如果某些问题让我的情绪不太好，我就无法主动激活动力源。我就不想去跑步，不知道周末该做点什么，短期内也不想参加任何社交活动，这样一来心情更差。如果我不再做那些对自己有益的事情，状态就不会好起来。

抑郁症研究中有一个“下降螺旋”，即使你没有这方面的困扰，可能也听过相关的说法。

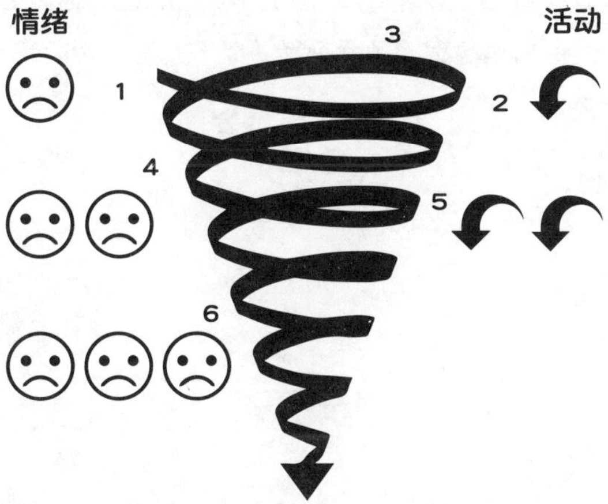


当我心情莫名低落时，动力随之减弱，身体本能地进入收缩姿态，社交积极性下降。此时，我只想躲在被窝里熬过这一天。这可能是对抗感冒的最好方法，但对缓解抑郁没什么用。

如果连从沙发上起身我都觉得很费劲，那么取消和朋友的约会或者决定不去健身房无疑会让我如释重负。我的心情甚至会因此稍微轻松一点，但是这种轻松的心情只能持续片刻，然后我的心情又会很快落入低谷。

为了保持满意和平衡，我们需要定期接受刺激，维持某种活跃度，时不时换换环境，做做运动或者参加社交活动。如果这些一下子全部被忽略了，也就难怪我们的心情很快变得低落了。

抑郁恶性循环的问题在于，我们缺乏动力，不断退缩，慢慢沿着螺旋下滑，直到某个时刻演变成真正的抑郁症。

如果以上这些还不够糟糕，那么还有一点：处在抑郁状态时，大部分人会同时失去创造力。也就是说，这时候我们想不到自己能做点儿什么有益的事情，完全找不到动力源了。

因此，抑郁症治疗中的一个重要步骤就是全面梳理所有的动力源。一旦担心自己进入下降螺旋，我们就可以随时调用梳理清单，从事一些有益的活动、积极社交或者寻求帮助，治疗过程会渐进式地激活这些动力源。从预防抑郁和促进情绪稳定的角度来看，以下方法都有所帮助。

## 方法61：愉悦活动清单

花点时间把让你感到愉悦的事全部列出来：可以是你经常做的，也可以是很久之前甚至小时候做过的，还可以是你没做过但想要尝试的；既可以是需要提前计划的活动，比如去度假，也可以是时间短、花费少的活动，比如洗个泡泡浴或者散个步。

我们在心情不好的时候很难想出好点子，这时候有许多方法可以帮助我们激发灵感。你可以在网上搜索“令人愉悦的事务清单”、“积极活动清单”或者“活动清单”，会找到很多有用的内容。此外，还有一些具备类似功能的手机软件。你不要轻易被吓住，就急着删减清单上的内容。如果200 项内容里有那么三五条是你自己没有想到的，这张清单就算有用了。

你可以把清单视作工作进度表、动力来源目录，持续更新。面对困境时，你就可以打开纸质或手机上保存的清单，也可以定期回顾。

## 方法62：活动-情绪笔记

上周你做过什么对自己有益的事情吗？对自己有损的事呢？也许你或多或少能答上来，但你说得清楚当时你的情绪每小时有什么变化吗？

通常，我们不一定能意识到自己的情绪起伏具体是因为什么，因此进一步观察很有必要。通过活动-情绪笔记，我们可以观察自己在一段时间内的情绪波动。你可以分别用一个关键词概括自己每小时的活动，然后给当时的情绪打分，从 1 到 10 代表由坏到好。你可以借助日历、手机或周计划表来做记录，至少先试着坚持 1 周，然后对这段时间的笔记进行评估。

你能否发现之前没有意识到的某些联系呢？比如，你早早起床，悠闲地吃顿早餐，白天情绪就会比较高涨；或者每次你和小丽打完电话，心情都会变差一点，因为她老是喋喋不休地谈论自己。你得认真问一问自己，怎样才能多多进行那些可以给你鼓劲儿的活动，避开那些破坏你心情的事情。

## 方法63：激励平衡

我们之所以会去做有些事情，是因为觉得它们有趣或者重要，其中大部分是令人愉悦的，做这些事情的时候时间过得很快，这背后隐含着所谓的“内在激励”；还有一些活动与我们所追求的目标相关，这种是“外在激励”。有的活动可能在“内在激励”和“外在激励”之间切换，甚至兼具两种。

比如，我慢跑是因为我喜欢呼吸新鲜空气，喜欢动一动（内在）；我想要跑得更快，这样下次被同事拉去参加公益跑的时候，成绩就不会太差（外在）。

我喜欢从事文艺活动，因为在写作、画画、雕塑的时候，我可以放空自己，随意挥洒（内在）；也可能因为想让朋友们惊叹我的创作才华（外在）。

我看电视，这样可以在工作一天之后给自己换换脑子，休息休息（内在）；或者借此了解不同的文化，拓宽视野（外在，要达到这个目的，看纪录片比看恶搞真人秀好得多）。

试着梳理你经常做的一些事情，看看是以内在激励为主还是以外在激励为主。你如果发现其中某一类占据的比重过大，就要考虑是否做出一些调整以便达到平衡。

一般在平衡状态下，两种激励我们都需要：既要能够带给我们实际满足感的动力源，也要围绕特定目标而形成的动力源。也就是说，目标不仅是目标本身，还是实现目标的手段。

## 方法64：能量平衡

以下是科利祖斯于 2003 年提出的一种练习方法。首先准备一张能量源清单，哪些活动、人或者生活领域是你的能量来源？试着评估不同来源对你的总能量分别有多大贡献（比如用百分比表示）。将所有能量源用饼状图呈现出来，哪一方面占据的份额大，就说明你从其中汲取的能量多。

你也可以对消耗能量的事物进行类似分析，看看你的能量都流向了哪里，可能两张饼状图中会有一些重合的内容。比较这两张图，你能得出什么结论？是否有一些事物提供的能量有限，消耗的能量却很多？反过来，有没有一些事物提供的能量很多，消耗的能量很少？是否需要调整呢？

示例如下。

**· 能量来源**

（1）家庭：25%

（2）朋友：15%

（3）工作：12%

（4）运动：10%

（5）健身：10%

（6）陶艺课：8%

（7）阅读：6%

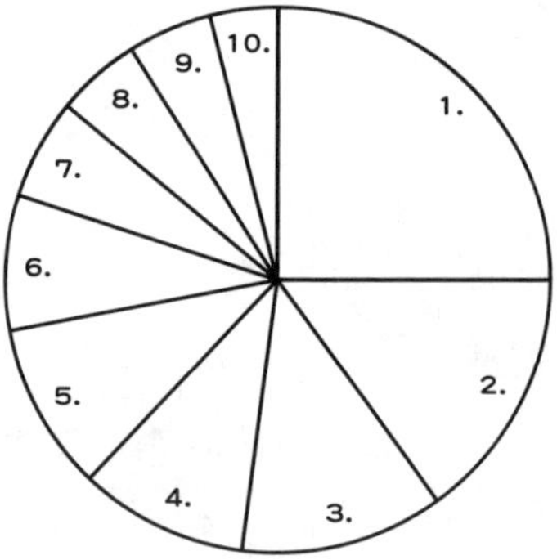

(8) 家务：5%

(9) 巧克力：5%

(10) 园艺协会：4%

· **能量消耗**

(1) 工作：25%

(2) 园艺协会：18%

(3) 杞人忧天：15%

(4) 家务：10%

(5) 家庭：10%

(6) 神经质的姑妈：8%

(7) 生活琐事：5%

(8) 运动：3%

(9) 陶艺课：3%

(10) 朋友：3%

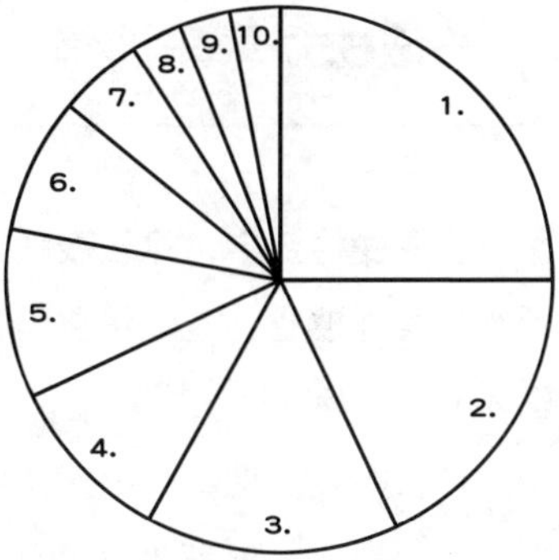


在示例中，那些产生能量多、消耗能量少或者几乎不消耗能量的能量来源尤为珍贵，例如朋友、运动、健身和陶艺课。与之相反，园艺协会和神经质的姑妈消耗的能量相当多，产生的能量却很少或完全没有。

# 方法65：享乐训练

在享受疗法中，享乐被认为是一种可习得的动力源。各种自救指南和训练课程都希望通过转移参与者的注意力，使他们获得全新的、集中的享乐体验。

在“享乐小课堂”治疗项目中，有七条为提升享乐体验而设的重要规则。这个项目在防治抑郁症方面疗效很不错。

（1）享乐需要时间！

给自己定期安排零散的享乐时间，比如早饭吃得慢一点、回家的时候选择远一点但风景更好的路线。

（2）享乐天经地义！

“这对我没有任何益处！”“完全是浪费时间！”你得给这些批评打一个问号，允许自己享乐。

（3）享乐不是顺带的事！

享乐要全神贯注，排除干扰。你当然可以一边做饭或开车，一边播放最喜欢的音乐，但你上一次认真聆听是什么时候的事？有多认真？闭上双眼全身心投入吗？

（4）享乐是个人的事！

有人认为花大价钱泡个泥浆浴是顶级享乐（眼下这个也算一种保健了），如果你是这类人，那很好；如果不是，也挺好。重要的是找到你自己的享受，人与人有所不同。

（5）少就是多！

只要不过度，享乐就能达到较好的效果。大部分人都知道，吃下一整块巧克力当然很满足，但如果只允许自己吃一小块，你将获得更多乐趣。

（6）没有经验就无法享乐！

我们的享乐体验越多，就越能感受其中的细微之处，也就可以更好地将新的体验与旧的体验做比较，使二者变得更加和谐。

（7）享乐是日常的！

我们往往把享乐和生活中一些特别的时刻联系在一起，比如结婚纪念日盛装出门用餐，或者好不容易放松下来，去西班牙的海岛休个年假。其实享乐完全可以从日常生活片段中获取，比如现磨咖啡的浓香、洒在皮肤上的阳光或鸟鸣啾啾。

下次你想要更多享乐体验时，可以试着回忆上面这七条简单的规则，并付诸实践。

## 方法66：社会原子

“社会原子”（人际关系图）这一概念是由心理剧创始人雅各布·莫雷诺于 1951 年提出的，指的是用可视化方式展现一个人的社交网络。

社会交往无疑是重要的动力源，我们也肯定不会就这样把家人和好友遗忘。正是在我们的情绪陷入低谷的时候，全面梳理社交网络才显得尤为重要。

人际关系图有多种形式，你可以试试下面这种。

**A：内部核心**

**B：意愿关系层（出于我或者对方的意愿而建立的关系）**

**C：熟人关系层（不涉及个人好恶）**

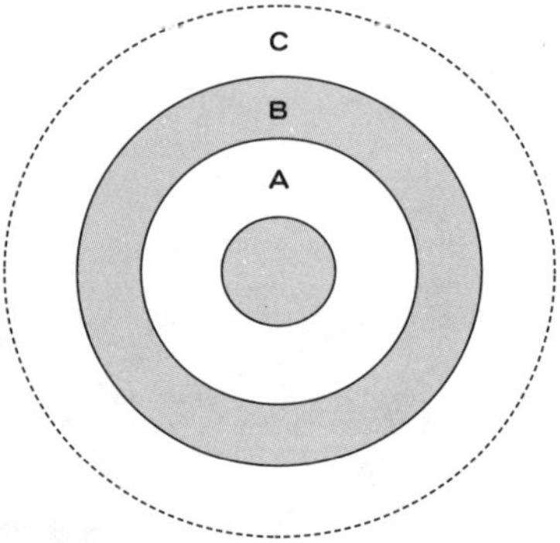


图中的原子核就是你本人，你的社会关系像电子一样围绕着原子核沿各自轨道旋转。根据它们在你心目中的重要程度，你可将各种关系用同心圆表示出来。越是重要、紧密的关系，距离核心越近；没那么重要的泛泛之交则在外围。你可以在圆圈上标注相应的人名首字母，也可以用“数字

+ 图例”的方式来表示，还可以贴上小贴纸。人际关系图展示的只是当前的情况，所以定期更新也是有必要的。

通过上面的练习，你可以了解哪些社会关系能成为你的动力来源。

## 方法67：家庭子系统

家庭也是重要的动力来源。提到“家庭”，我们一般想到的是所有家庭成员齐聚的情形，比如一个二孩家庭，就应该是父母加上孩子四口人。来自家庭的动力存在于所有家庭成员一起度过的那些时光，例如周末一同出游就是一件很治愈的事情。

但家庭不仅是一个整体系统，还包括多个子系统，这些子系统同样可以成为我们的动力源。

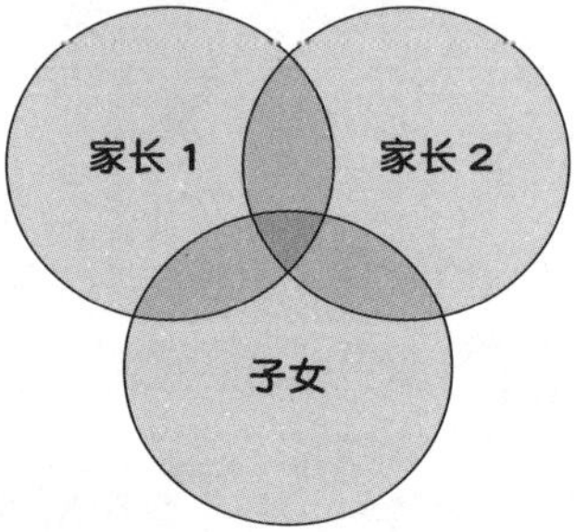


子系统提供的动力包括父母一方与子女共度的时间、子女独处的时间以及父母之间的相处。父母各自独处的时间也很重要，它能够促进父母个人的健康和家庭内部的和谐。

因此，在两性关系或者家庭关系中，一个需要常常关注的要点是：我们是否投入了足够的时间和精力来维护每个子系统？

## 方法68：时间线

在各种疗法中，你会听到同一个建议：时间线（生命线）练习。通过回顾过往，你能够筛选出那些曾经帮助你成功克服实际困难的动力源。

在开始练习之前，你需要准备一根绳子和三种不同颜色的便利贴。把代表生命线的绳子摆在地上，首先用便利贴在绳子的一端标出你的生日，然后沿着绳子用同色便利贴继续标注，可以每 5 年标为一段。接着，回忆一下生活中的困难和危机，用另一种颜色的便利贴标注出来。再想一想你是如何克服这些困难的，当时是什么因素起了作用（旁人、自身能力、其他生活领域的支持、物质条件）。把这些答案写在第三种颜色的便利贴上，贴在第二种颜色的便利贴旁边。

练习完成后，再浏览一遍你的生命线。想一想，过去用到的这些动力源现在甚至以后是否还用得上呢？

现在你已经有一系列的方法来帮助自己全面梳理手头的动力源，也许你也想知道该如何激活那些休眠的动力源，甚至想要进一步扩展自己的动力源清单。要记住，你可以随时调用这些动力源来提升自身的幸福感，调节不良情绪，促进身心健康。

做自己的医生吧——既然知道做什么对你的健康有利，不妨对症下药。

# 14

# 十块就是十块！

## 珍惜积极的一面

## 十块就是十块！

珍惜积极的一面

2×2=4

7-5=2

6+3=8

9÷3=3

从四个数学等式中，你发现了什么吗？

如果你和大部分人想的一样，肯定会说："有一个错了。"这样回答当然是对的。但是，回答"有三个是对的"也完全没问题，对吧？为什么大家第一眼关注的都是错的那个呢？

日常生活中也是这样吧？如果你在工作中遇到三件好事、一件坏事，比如有三个顾客对你很满意、一个对你不满意，或者顺利完成了三件事项而另外一件遇到了瓶颈，你下班回家会怎么想？难道不是同样地，唯独那一件坏事会在脑子里多停留一会儿吗？仿佛它自带黏性，而好事却能一溜烟儿滑过？

这种选择性知觉说明，只有我们关注的信息才会被感知。西蒙斯和查布里斯于 1999 年做过一个经典的实验，要求被试观察一群人打篮球，记下白衣球员总共传了多少次球，在计数过程中要排除黑衣球员的干扰。如果没听过这个实验，你可以找来视频看看。上视频网站搜索关键词"选择性注意力实验"就能找到，现在就搜，我在线等。

怎么样，你看到视频当中那只像金刚一样捶着胸膛走过去的黑猩猩了吗？事实上，在西蒙斯的实验中，大约有 50% 的被试忽略了黑猩猩，因为他们全程都盯着篮球。但当不需要记录传球次数时，每个人都会看到黑猩猩，很难想象有人会忽视它——那可是一头黑猩猩呀！可见，选择性知觉导致了注意力盲区。

选择性知觉可能是人类长期以来面临的问题，有一个典型的例子可以证明。根据来源不可考的某则伊索寓言，有人问伊索，雅典城中住着些什么样的人。伊索不答，反问来人从哪儿来、来处住着些什么样的人。来人答："那儿住的都是骗子和流氓。"伊索答："那么你在雅典看到的大概也是骗子和流氓。"一会儿又来一个人，也问同样的问题，伊索照旧反问他从哪儿来、来处住着些什么人。此人回答："那儿的人既友好又令人尊敬。"伊索便答："你在雅典看到的人也会是如此。"

我们如果持有某种观点，比如认为人性皆恶，就可能会有意无意地寻找能够印证这个观点的线索，并屏蔽所有与之对立的证据。哪怕迁居新的城市也无法让我们改变自己的看法，最终它会成为一个自洽的预言。

让我们回到开头的算式：6+3=8。一般来说，我们都会条件反射般地首先辨认出异于常规的内容——即我们认为偏负面的、可能存在危险的内容。

从人类进化史来看，第一时间关注潜在危险是出于生存需要，这是完全合理的。石器时代的人类为了新完成的洞穴壁画欢欣鼓舞时，也丝毫不敢对洞穴深处的野兽嘶吼掉以轻心，唯恐自己瞬间沦为剑齿虎的食物。如果不是这样，你就读不到这本书了，因为人类整个物种都不存在了。

时至今日，进化生物学使得人类思维中仍然保留着这种过滤机制，我们会首先筛选出消极内容，而将积极内容后置。即使大部分人出门时并不会面临被野兽吞吃的危险，我们还是会下意识地提前警戒。在情况不明时，人类思维的探照灯永远首先聚焦负面内容，小脑固执地认为只有这样才能使主人避开危险。

在抑郁症患者身上，这种过滤机制达到了一种病态。几乎所有的积极内容都被完全过滤掉，患者眼中的世界只剩下黑色。即使有那么一丁点儿正面内容逃脱了，患者也会不遗余力地贬低它的价值。

我向一些抑郁症患者和其他心理疾病患者指出他们积极、成功的经历时，总是会听到这样的回答："没错，我的报告是广受好评，但是第一排有人打起了呵欠！""是啊，我度假期间是过得挺愉快的，但是下了两场雨！""对的，我是在街上捡到了十块钱，可我上周刚丢了二十块！"看起来就像下面这样，消极的方面好像比积极的方面分量重得多。

如果哪里有些小问题没解决，我们当然没办法完全舒心，这是情理之中的事。但是两者毕竟没有必然联系，难道有什么明文规定说，好事必须因为坏事而失色吗？

举个现实的例子，你在街上捡到十块钱，那如果你上周丢了二十块，今天捡到的这十块钱的价值会变少吗？答案不消说，你拿着它去超市付账就知道了。可见，哪怕发生了再怎么糟糕的事，好事本身也不会失去价值，只不过会被我们的本能过滤掉。这种过滤机制一度帮助人类存活下来，但在 21 世纪的人类社会就显得格格不入了。

另外，印象深刻的经历也会促进选择性知觉的形成。我还是举一个与钱有关的例子，心理学家丹妮·比尤利在她的《冲击疗法》一书中提到了"二十元实验"。一位患者觉得自己毫无价值，一直被生活践踏。于是治疗师拿出一张二十元纸币，问道："告诉我，这张纸币价值多少？"患者回答："二十块。"治疗师把钱揉成一团，扔到地上，踩上两脚，然后捡起来弄平，又问："现在告诉我，它价值多少？"

即使有时候我们觉得自己仿佛被反复蹂躏，我们真正的价值也不一定会因此降低。

不仅知觉和评价体系存在过滤机制，记忆力也如此。人类的求生欲在这方面也留下了烙印——记住负面的经历能够帮助我们应对今后的危险。可能读到这里，你要提出异议：我对那些美好的经历也记忆犹新呀！没错，但你可能正是在承受压力或者身处逆境时才会回忆起那些积极的经历，然后得出结论：一切都变坏了。就像迪士尼动画电影《头脑特工队》里面一样，代表快乐的黄色记忆水晶球会染上代表忧伤的蓝色。之所以出现这种情绪交织的现象，是因为我们处在某种情绪中时，很容易想起曾经触发类似情绪的那些经历。

也就是说，当处于逆境时，我们面临两个问题：一方面是当前的处境不利，另一方面是回忆被过滤。我们会首先想起引起负面情绪的那些经历，积极的经历由于与当前的情绪不吻合而被暂时屏蔽。对于抑郁症患者来说，至少在抑郁期，他们会长时间陷于负面情绪，这是一种极大的负担。他们眼中的生活被缩小到只剩下消极的一面。

在抑郁症治疗中，有一些方法可以有效应对这种知觉扭曲。如果大脑想要欺骗我，将所有积极内容从我的知觉、评价和记忆中过滤掉，那么我可以学着反向欺骗它。具体而言，就是有意识地放大积极的一面，突出其重要性，强化记忆。

## 方法69：手指练习

第一种方法是锁定积极情绪。神经语言学编程和催眠治疗都会通过调节机制，将特定的情绪感受和身体感觉联系起来。例如，在处于正面情绪时做出某个手部动作，使这个动作和这种情绪之间建立固定联系，后续只要做动作就能像按下按钮一样调动相应的情绪。这种方法还有一个版本，叫“四指练习”。用非惯用手的大拇指依次触摸另外四根手指，每根代表一段积极的回忆，比如分别对应安全和控制、关系、快乐、自我价值四种基本需求之一（参见下文）。

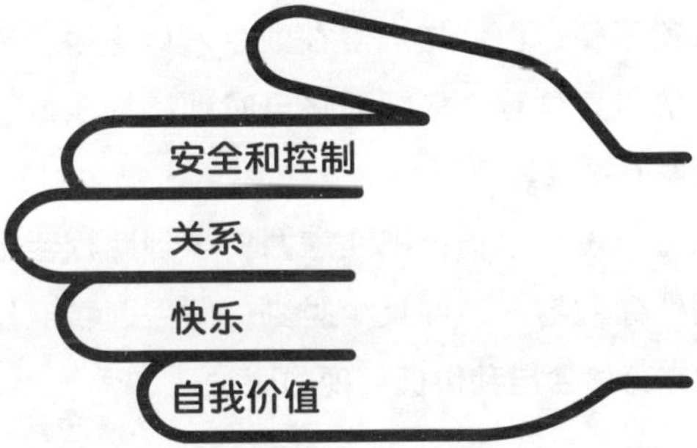


通过重复上面的练习，积极的回忆和情绪被锁定，日常生活中我们只需要动动手指就能激活它们。

你可以试一试。

- 用非惯用手的拇指按住食指指尖，把注意力集中到指尖上，认真体会手指的感觉。同时，努力回忆近期或以前去过的某个地方，确保这个地方让你感到安全、踏实。充分体会这种感觉，全身心投入其中。
- 接下来用拇指按住中指，把注意力集中到两根手指的接触点，回忆你与某个人产生联结的时刻——那应该是充满温情的，可能是你与对方一次自在的谈话，也可能是此刻与你身旁的人在一起。充分体会这种感觉，全身心投入其中。
- 再用拇指按压无名指，同时回想你做过的某件给自己带来快乐的事情，也许是沉浸在业余爱好之中，或者尽情享受、放松身体等。仔细回忆当时那种快乐或舒适的感觉，全身心投入其中。
- 最后用拇指按住小指，把注意力集中到两根手指的接触点，回忆你取得成功的某个时刻。感受那种满足感、自豪感，充分体会自我价值实现的感觉。

## 方法70：积极的自我画像

还有一种方法也可以将正面感受固定下来、帮助自己在困境中对抗扭曲的自我评价，即创作一幅积极的自我画像。

用一张清单把你的优点、能力、强项全部列出来，你可以从以下几个问题入手。

- **有什么你做得比较好？**
- **有什么是你做得比别人都好的？**
- **有什么是你现在做得比之前好的？**
- **什么是令你感到自豪的？**
- **对你来说重要的价值是什么？**
- **你认为，对于别人来说你身上可贵的（可爱的）地方是什么？（这个问题也可以直接询问周围的人。）**

- **别人会夸你什么？**
- **你觉得什么情况下别人会对你产生好感？**

你可以把自我画像保存在一个合适的地方，在手机里存一份或者贴一份在卧室门背后，经常拿出来看一看，最好记在心里。这个练习是动态的，你可以经常更新其中的内容。在练习过程中你可能很快会产生反感，大多数人都相信“自吹自擂惹人嫌”，但正因为如此这个练习才有意义，你不妨一试。

## 方法71：积极日记

另外一种治疗抑郁症的有效方法是通过“积极日记”（也叫“幸福日记”、“成就日记”或“阳光日记”），系统地梳理正面体验。即使目前没有受到抑郁问题的困扰，你也可以通过这种简单易行的方式来进一步提高生活质量，预防抑郁。

写日记的方式有很多种。你如果是那种一想到要写长达数页的文字剖白就感到头疼的人，大可不必担心。积极日记疗法的关键在于每天简短地记下一些正面经历，你如果喜欢，当然也可以多写点。理论上，除了文字，你还可以在日记里附上照片、票根、干花、涂鸦等相关物品。

某种疗法的实施成本越低，患者自行完成的可能性越高。因此，写积极日记首先要考虑的不是创造出文学价值空前绝后的大作，而是集中精力从小事开始。

为自己准备一本积极日记本——专门用于记录正面内容的小本子，最好不要用日历或者记录各种内容的普通日记本代替。认真找一本你喜欢的，保险公司赠送的那种带公司徽章和水印的笔记本就算了，还是留着当草稿纸吧。毕竟接下来要做的练习关系到一些很重要的东西——由幸福片段组成的宝藏，所以应该有与之相称的外在形式才对。

你如果比较有创意，当然可以自由装饰它的封面。你如果崇尚简约优雅，选择纯黑色封面就不错。假如在纸上写字是你的童年阴影，那在手机上写电子日记也未尝不可。只不过根据我的经验，亲笔记下幸福的经历会让人更加珍惜它，并且以后回看时，对于自己手写的内容，我们也会产生更加强烈的认同感。

最好能够系统地练习，因此我建议你把它列入每天的待办事项，这样才更容易执行。如果可以每天在相对固定的时间和地点完成日记，那就再好不过了。比如，你可以把日记本和笔放在床头，甚至早晨离开卧室时把它们摆在枕头上，这样每晚临睡前都必须先拿起来。你要每天花几分钟完成这个睡前仪式，可以（其实也应该）很简短。每篇只需要记录日期和几个关键词，之后它们会成为你的记忆线索，这些内容写一行就够了。

当然，我们不可能每天都收到求婚或者得到加薪，参加马拉松的日子一年也不过短短几天。在这些特殊的日子里，用文字记录是一件很棒的事，但这些高光时刻我们大概率也不会很快忘记，对吧？那你还记得 2019 年 1 月 16 日发生了什么好事吗？不记得了？我也不记得，如果当时有积极日记，你现在就可以翻开来看看了。极有可能那一天你我都遇到了一些很不错的事，哪怕只是简简单单的小幸福呢！

积极日记的主要内容就是我们日常生活中短暂的正面片段，比如喝到一杯很美味的咖啡，听到收音机里播放熟悉的歌曲，在办公室和同事开心“摸鱼”，晒了 5 分钟太阳之后浑身暖洋洋，工作中取得小小成绩，新修剪的草坪散发清新的气味，卫生间打扫得一尘不染，和狗狗靠坐在地毯上，和孩子一起拼完乐高，等等。每天找出一件这样美好的小事就够了，当然，越多越好。

日记虽然不长，但务必具体。比如，不建议写“我去看了电影”，而要写清楚电影的名字、和谁一起看。

千万不要用“但是”，比如“晚餐和太太聊得很愉快，但是汤太咸了”。你要督促自己只记录好的一面。

如果雨下了一整天、老板死死钉着你、食堂饭菜又“翻车”了、在家通厕所反倒闪了腰，你会怎么办？日记本里该写点什么？虽然这听起来令人惊讶，但在这样的日子里也能找到一些幸福的细节，不要轻易放弃。

读到这里，你肯定会想，如果我某天真的没碰上一件好事，又该怎么办？很简单，别让一天就这么过去，在入睡之前主动创造一点小幸福！你可以听听最喜欢的歌，看看上次度假的照片，计划下一次旅行，沏一杯热茶，舒舒服服泡个澡或者看一集最喜欢的电视剧。

这种练习可以实现两个目标。一是每晚在头脑中盘点当天发生的事情，有意识地搜集积极的体验，有针对性地强化正面的选择性知觉。这样逐渐形成习惯之后，你就能更好地感知生活中那些短暂而积极的瞬间。二是练习可以建立属于你的积极回忆库，以备随时调用。想象一下，你坚持了 1 星期，得到 7 行积极日记，看着它们你会回想起当时的经历和感受。再想象你坚持了 1 个月或者 1 年，拥有 365 个积极的回忆，只要翻开日记本就会开心起来。作为治疗手段，积极日记不过每天花费你几分钟时间，却能成为极具价值的宝藏。

有时候生活中就是会出现“6+3=8”的情况，不过还好，你可以选择只记下你认为正确的算式。话说到这里，就拜托你放自己一马，也放我一马，别再想着“没错，但是”了。

# 15 打鸡血的超人

## 身心统一

## 打鸡血的超人

身心统一

“当我难过时，我会垮着肩膀站着，垂下头。如果你感到沮丧，找准一个姿势特别重要。这时候最大的错误就是站直了，头抬得高高的。所以，要是你想从失败中学到点儿什么，就必须得这么站着。”

——查理·布朗，漫画《花生》

注意！保持你现在的姿势，别动！看看你是怎么坐（躺）的。你觉得这样比较放松？差不多？很好，我也是。现在按我说的，试着稍微调整一下，或者干脆换个姿势。你可能会觉得这样更放松（一点点）？如果你和我一样，这会儿应该比刚才更舒服一些。

那么问题来了，为什么一开始我们没有找到这个更舒服的姿势呢？答案很简单：因为我们没在意。通常只有身体的压力超过一定界限时，才会引起我们的注意。

在日常生活中，我们通常会无意识地做一些增加肌肉压力的动作。这种压力会随着我们处在紧绷状态的时间越来越长而逐渐累积，哪怕紧绷感只是略有增加。

你可以观察那些连续几个小时保持一个极不自然的姿势盯着手机屏幕的人，或者坐在距离电脑屏幕只有 10 厘米的位置费劲地眯着眼睛的同事，还有堵车时旁边那辆车里双手紧握方向盘、身体奋力前倾的司机——活像个进入终点直道的短跑运动员，拼尽全力想要领先对手哪怕一点点。

是不是我们紧锁眉头、做沉思状就真的能更好地集中注意力？是不是我们在驾驶室如坐针毡就能更快地穿过拥堵的车流？如果答案是否定的，我们何不省下这点精力？为此我们必须拥有灵敏的触角，及时捕捉肌肉压力增加的讯号。

由压力直接引发或变相导致的身体疼痛，比如压力性头痛、肠易激综合征、耳鸣和许多其他问题都可以有针对性地预防。当处在压力状态时，我们的基础焦虑水平会上升；反过来，当焦虑水平上升时，我们会感到更大的压力。更重要的是，如果焦虑水平下降，我们就会更放松。

## 方法72：身体的天线

你要多多关注身体释放的信号，习惯每天问问自己：“我刚才是什么姿态？”“我的身体感觉如何？”“它需要什么？”由于刚开始你还不习惯，最好借助一些小工具来提醒自己，比如手机备忘录或便利贴。一旦发现自己无意识地做出某种紧张姿态，就马上试着放松身体，比如稍稍向后靠、深呼吸几次、拉伸放松颈部肌肉、用搓热的双手按摩眼部等（你可以在下文找到更多放松的方法）。你应关注自己的基础需求，比如在办公桌上放一瓶水，督促自己下班前喝完。

众所周知，情绪和身体感受之间存在联系。我们都有过这样的体验：当情绪低落或沮丧时，身体也无精打采，仿佛四肢无力，连头都耷拉着。但我们都忽略了一点：这种关联也可以是反向的，即特定的身体姿态会助推甚至直接导致负面感受的产生。

你知道成人头部的重量是多少吗？ 5 ～ 6 千克。当你站直的时候，这个重量通过肩颈分布到全身。但如果你垂着头，脖子上就像戴了一条重达 6 千克的锁链，全部重量都加在了颈部。显而易见，经常性的脖子痛、头痛和背痛会影响生活质量。我沮丧时，就会垂头丧气；我垂着头，就会意志消沉。这或许也和本章开头引用的查理·布朗那讽刺的方法不谋而合。

反过来，我们可以得出结论：有意识地调整身体姿态会对情绪产生积极影响。这种关联可以通过基于表情的“面部反馈实验”来证明。实验要求被试评价漫画的有趣程度，第一组被试用牙齿咬住一支笔，第二组被试用嘴唇抿住一支笔，第三组被试不需要用到笔。实验结果令人惊讶：第一组对漫画的评价显著高于另外两组，第二组的情绪是最差的。

研究人员认为，我们在调动不同的脸部肌肉时，会相应地刺激不同的情绪。第一组被试牵动的面部肌肉与微笑时相同，第二组牵动的面部肌肉则与难过时相同。我们开心时会笑，反过来，我们一笑也就开心起来。

基于现代神经学的身体中心疗法同样是有意识地通过身体运动达到对情绪的提振效果。“大笑瑜伽”就是其中一种：借助一系列呼吸和拉伸练习，参与者刻意做出微笑的表情；随着训练的进行，这种微笑会越来越自然，直到变成发自内心的笑容。

原则就是：一直假装，直到成真。“微笑是最好的药物”还真不只是一句俏皮话儿。

## 方法73：一直假装，直到成真

当我们开心时，负责工作的面部肌肉被激活，情绪也会受到积极影响。这听起来有点奇怪吧？你不妨试一试，偶尔咧嘴大笑 1 分钟，看看心情会有什么变化。

难过时，你不要垂头，尽量不要摆出沮丧的身体姿态，而要表现出积极的样子。比如，刻意笑起来，多笑一笑。即使习惯在这种时候看一些致郁的视频，觉得这样比较符合自己的心境，你也要尝试改变。你可以看看脱口秀、情景剧、“翻车”合集或者其他平时能够逗乐你的内容，即使完全笑不出来也要试一试！

此外，身体也是我们接收原始感觉的通道。在心理治疗师尤金·简德林创立的聚焦法中，患者的注意力被有意引导到身体的定位和感觉的表达上。由此产生所谓的“觉知”，即身体的一种感觉，它能够显示我们在特定生活场景下的状态。你关注觉知，就是使你的情感体验在身体上明确定位、具体化。

## 方法74：聚焦

面对某个引起不适的场景，你如果想从身体的角度进行观察，可以尝试以下练习。这是改良版聚焦法。

- 脑海中想着目标场景，让不适感缓缓蔓延开来。
- 你的哪个身体部位感觉到不适？是肚子、胸腔、脖子，还是别的地方？
- 具体是什么感觉？慢慢用一个词、一句话、一个画面来描述它。比如，有的患者在做这个训练时会说，好像肚子那儿放了一块拧成一团的湿毛巾，胸口有一个爆开的能量球，或者脖子上架着一把冰冷的老虎钳。你可以随意发挥。

- 给自己一些时间，确认你的描述与感觉相符。你可以在画面和感觉之间反复比较，直到确定无误。
- 接下来专注感觉，让它自由滋长，不要反抗，甚至可以稍微推波助澜（可能不太舒适）。脑海中想象着画面在变化，感觉越来越强烈，比如把湿毛巾又打了两个结，让能量球加速反应，或者在老虎钳上加重力道。短暂聚焦于此，体会身体感受有何变化。
- 关注自己的呼吸，想象通过深呼吸来释放这种感觉，每一次呼吸之后缓解一点。想象画面中的压力在减轻，比如绳结随着呼吸变得松散，能量球逐渐冷却下来，老虎钳也松开了。深入体会身体感受的变化，它与你脑海中的画面变化一致吗？

通过上面的练习，你是否找到了与自身感觉连通的另一种途径？也许你甚至发现自己的感觉有所松弛？偶尔做做这个练习说不定会很有收获。

另外，自信心也与身体姿态有关。如果仰慕的人早晨在公交车上冲我笑了一下，或者我一把就把车停进了咖啡馆门口狭窄的车位，并且正好为旁边的一群社会青年所见证，我就自信心倍增，身体姿态也会随之改变。我会有意无意地挺起身板儿，走路抬头挺胸，仿佛自己从内到外都长高了一截儿。

但如果我发现仰慕的人冲我笑是因为我一整天都顶着沾了鸟屎的帽子，或者我买好咖啡，回头一看车子已经被拖出几十米远，而刚才那帮小青年挤挤眼示意我没看到写着“禁停”的牌子，那么缺乏自信的我就会因此改变身体姿态。我会缩着肩膀，弓起身子，仿佛从内到外都矮了几分。

这种关联同样可以得到反向证实。各种“姿势反馈实验”都揭示了同一个现象：让被试保持一个自信的姿态几分钟，相对那些身体姿态比较内收的人，他们会感觉自己更强大。研究人员甚至表示，实验过程中被试的激素水平也发生了变化。更为自信的身体姿态可能促使睾酮水平上升、皮质醇水平下降。虽然这一关联并未在其他研究中得到进一步证实，但是此次实验仍然为“高能量姿势法”的诞生奠定了基础。

为了更好地理解这种关联，你不妨试试“超人试验”。想想怎样把自己尽量缩小，找到这样一种姿态后坚持 2 分钟，感觉如何？然后再摆出超级英雄的姿态——双手叉腰、挺起胸膛、双腿分开、抬高下巴，同样是 2 分钟。感觉有什么不一样？

## 方法75：高能量姿势

下次面临竞争时，比如自我介绍或者加薪谈话之前，你先摆 1 分钟高能量姿势——就是能够让你联想到“强大”的某个姿势，这样会有效增强你的自信心。

在上述场景中，你同样可以尝试保持身体挺直，露出自信的表情。你得假装自己是个演员，需要扮演一个充满自信的角色。尽管刚开始可能有点不习惯，刻意摆出自信的姿态仍然有助于增强你的信心。

我们的压力体验、情绪和自信都与身体姿态紧密相关，后者对前者有着深刻影响。无论是否意识到，你都可以利用这种关联来对抗压力、提振情绪和增强自信。

当然，改变身体姿态或者经常笑一笑并不能代替抑郁症治疗。但笼统而言，我们还是应该认识到，有意识地调节身体感知能够促进心理健康。

既然如此，为什么不试一试呢？每天早晨保持 2 分钟超人的姿势，用满满的自信和适量的睾酮迎接新的一天吧！

# 16 身后的猛虎

## 理解恐惧

## 身后的猛虎

理解恐惧

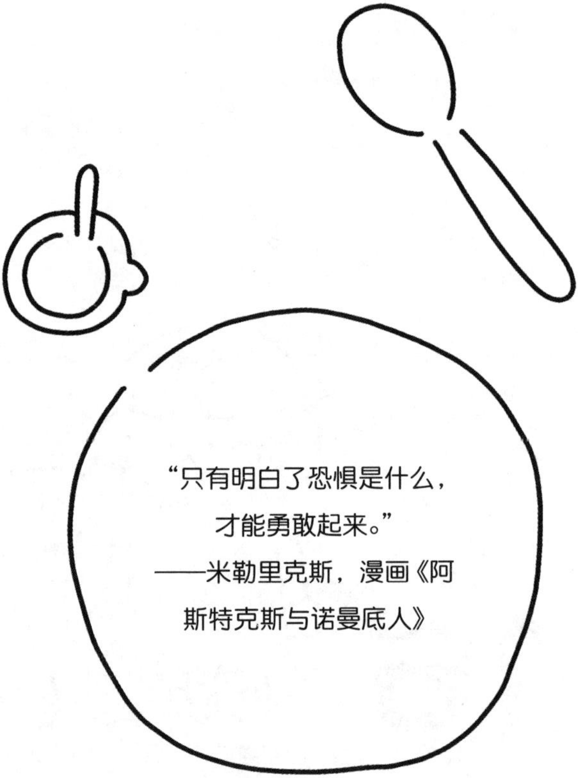

“只有明白了恐惧是什么，
才能勇敢起来。”
——米勒里克斯，漫画《阿斯特克斯与诺曼底人》

恐惧其实很棒！没有恐惧的话，我们的预期寿命会大大下降，因为我们不再认真思考自己的行为会带来什么危险。我们会像旅鼠一样跳进捕鼠夹，闭着眼睛走上六车道高速公路，或者穿着黄黑球衣坐在沙尔克的观众席上。

恐惧可以激活大脑的预警机制，让我们调动所有必要的资源，以应对潜在的危险。我们一见到危险的动物就会心生恐惧，这种机制在生存游戏中无疑是一种优势。那些无畏地直面危险的物种，最后的结局很可能是成为剑齿虎口中的食物。当然只有活下来的物种才能继续繁衍，所以我们的祖先都是胆小鬼。这就是达尔文所说的“适者生存”。

日常生活中遭到剑齿虎一类的猛兽袭击的可能性很小，但我们还是经常触发大脑的预警机制。比如超负荷工作时，陷入激烈讨论时，或者面对一群人发言时，我们可能会心跳加速、肌肉紧张、手心冒汗、浑身发抖或者频繁上厕所。可能你也有过类似的体验，但你会觉得：“嗯，这也不算恐惧呀！”

我们不妨看看法国漫画《阿斯特克斯与诺曼底人》里面是怎么描写的。漫画的主人公、大名鼎鼎的高卢英雄蓄着经典的八字胡，遇到了骁勇善战、自称从不害怕的诺曼底人。他们听说恐惧能让人“如虎添翼”，于是想要利用这种“工具”。在听到乡村诗人特鲁巴迪克斯可怕的吟唱之后，诺曼底人如愿产生了恐惧。他们的首领说，光是想到要忍受诗人再次高歌一曲，就叫人膝盖发抖、牙齿打战、冷汗直流、胃里绞痛。对此，主人公阿斯特克斯大叫：“一句话——你害怕了！”

这个聪明的高卢人说对了。我们的身体面对危险或者日常压力场景时会自动被激活，那正是大脑认为有危险而做出的合理反应——不论危险是否客观存在，这种感受就是恐惧。

通常，我们不太容易把这种感觉表达出来，这与人类的社会化有关。现在，恐惧通常被认为是软弱的表现，是一种羞耻，因此承认恐惧需要很大的勇气（有点矛盾，对吧）。

但与此同时，我们可能也缺乏与自身感受的联结。在学校，我们学了数学公式和英语单词，却从来没有接受过关于解读自身情绪的启蒙。如果情商表现太差，那么像恐惧这一类的感受可能就会被误读，它必须通过其他方式表达出来。在这种情况下，情绪压力往往表现为变态心理。

在治疗恐惧问题和变态心理病症方面，心理教育是一种十分重要的方法。这里的心理教育指的是传播与身心反应关联相关的知识。当我们能够更好地解释身体在压力和恐惧状态下的反应机制时，控制感就会得到提升。大部分恐惧症患者在进一步了解这种生物联系、自身的生理反应之后，都会感到轻松许多。我们对自己能够认识和理解的事物不会那么恐惧。

当恐慌发作时，心跳加速、出汗、大喘气等身体变化会加剧人的恐慌，因为这些现象本身暗示着危险，由此形成恶性循环。

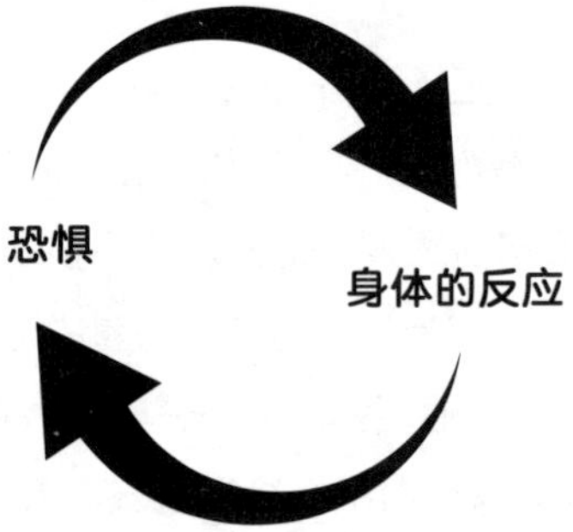

只要想到恐慌发作可能会引起心肌梗死或晕厥，我们自然而然就开始害怕了。但从生物学的角度来说，这种直接关联并不成立，至少在没有基础疾病的情况下不成立。

恐慌发作时，发生心肌梗死的概率和身体过度疲劳时差不多。比如，做完剧烈运动或者快速爬楼梯之后，身体的反应与恐慌状态下类似。

现在我们已经了解到，恐惧症不仅是最常见的心理疾病，也是最普遍的疾病，所以患病的可能性并不低。根据统计，约 1/3 的人一生中都会患上恐惧症，官方统计之外的数据肯定更高。

如果你目前患有恐惧症，你需要知道的是，你不是孤身一人。更重要的是，恐惧症并不危险，通常可以得到很好的治疗。你如果很幸运没有这方面的困扰，那么也可以通过更好地认识和解释身体在恐惧状态下的反应，掌握应对压力情景和预防变态心理病症的方法。

根据拉扎勒斯和福克曼于 1984 年提出的压力交互作用模型，应激场景中的个体压力取决于以下因素：一是对挑战的主观评价（当前情况是否危险），二是对自身资源和应对能力的主观评价（我的资源是否足以应对）。

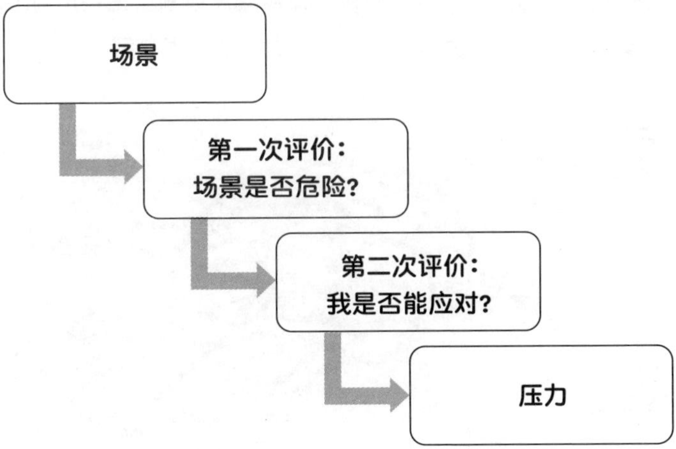

决定应激反应的不仅仅有压力场景的客观情况，还有相关人的主观评价。如果这个人怀疑自身的能力不足以有效应对特定的挑战，应激反应就会增强。如果能够积极看待身体的压力应激反应，认为它是一种适度的保护措施并有助于我们更好地应对压力场景，就能提高控制感。

因此，当我们更好地理解压力、更积极地评价压力时，恐惧和应激反应就会减少。

但当我们感受到压力时，身体具体经历了什么呢？我们通过神经学家约瑟夫·勒杜在《脑中有情》一书中提到的例子来了解一下。

想象你在森林中散步，突然看到脚边有一条像蛇一样的东西，这时会发生什么？

首先，你看到的只是一个画面，是眼睛接收刺激之后传递给大脑的视觉信息。你需要先待大脑解析信息，然后才能结合周围其他信息进一步判断眼前究竟是什么。这时，大脑视觉皮质先把画面传送给后额叶，后额叶与大脑其他区域配合得出答案："我刚刚看到的像是一条蛇。"紧接着，大脑激活关于蛇的信息储备，比如"许多蛇会咬人""有毒"。于是大脑皮质得出结论：存在直接危险，启动预警机制。脑部的预警中心在杏仁体，这里向下丘脑发出信号，肾上腺皮质开始分泌应激激素（主要是肾上腺素）。最后身体收到信号，做出反应：你拔腿就跑，尖叫着绊了一跤。

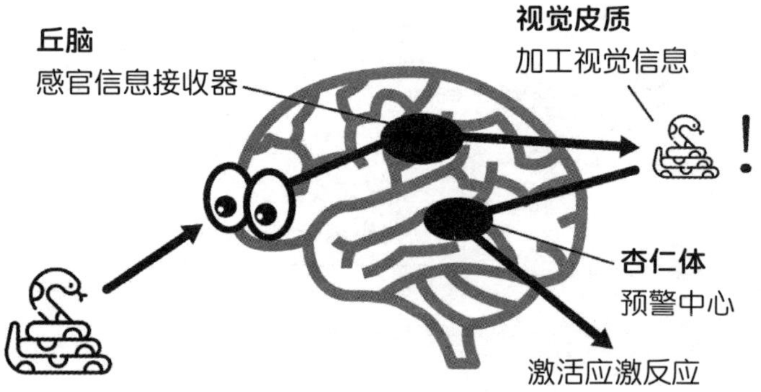

从看见、觉察、理解到反应，整个过程通常也不过是瞬间的事。

你可能会想，真快啊。没错！这有时甚至比瞬间还要短。拿上面的例子来说，就在你犹豫眼前的东西可不可以踩的时候，你的脚可能已经迈出去了。你慎重考虑要不要躲开它的这个过程，可能还比不上一辆疾驰而来的汽车快。

为了更好地应对直接危险，大脑有时需要更快地反应。因此，自然进化给我们设计了一条捷径：知觉中心和预警中心之间存在着神经通路，杏仁体可以绕过皮质加工信息这一步，立即被激活。换句话说，预警中心可以跳过负责理性分析的脑区，直接控制杏仁体。

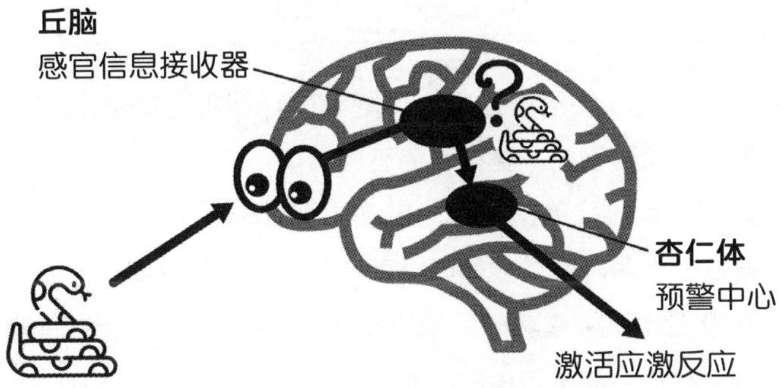


我们都有过这样的经历：感觉自己余光瞥见了什么危险的东西，或者突然听见一声异响，被吓了一跳。一根棍子或者一截树根可能乍一看像条蛇，这也会激活我们的应激系统。有时我们甚至会被浇水用的软管吓到，大脑要过那么一会儿才能明白它不咬人。

因此，只要我们感觉面临危险，杏仁体就会发出警报，血液中的应激激素水平随之上升。自主神经系统，即不受意识支配的神经系统中负责激活的那部分（交感神经系统）此时开始工作，负责放松和复原的那部分（副交感神经系统）则会被抑制。

在这个过程中，我们的身体会产生更多能量，并重新分配血流。能量会优先供给保障我们在危险中存活的身体机能，非生存必需的功能则会被暂时抑制，以便身体在短时间内更加高效地运转。这样看来，平时令人反感甚至害怕的恐惧和压力反应，意义就非同一般了。

- 心跳加速、头部压迫感、手脚发麻：随着心率和血压上升，血流更通畅，更好地为肌肉供能。
- 紧张、发抖、膝盖发软、嗓子发紧：肌肉充血扩张，这样在面临危险时，我们可以更快逃走或者与之搏斗。
- 呼吸困难、头晕：呼吸加速是为了增加血液中的氧气含量，并让它加速转化成能量。
- 浑身发热、脸红：肌肉消耗能量，体温上升。
- 出汗、发冷、起鸡皮疙瘩：汗液蒸发，体温下降，从而保持体温恒定。汗液是人体的空调。
- 呕吐、腹泻、尿频：由于内脏供血减少，非必需的物质交换受阻。
- 无法集中注意力：大脑供血减少，理性的信息加工程序被抑制，更多资源被分配给下丘脑机械反应机制，以确保身体更快、更准确地做出反应，哪怕很多时候是假警报。

- 想吃甜食或高热量食物：只有增加血液中的能量载体（葡萄糖和脂肪），才能为细胞提供更多能量，更好地激活肌肉。

## 方法76：心理教育

如果面临上述恐惧或压力问题的困扰，你不妨试着了解其背后的生物学原理，首先可以从了解压力开始。无论我们觉得某一种身体反应多么无用和令人不适，它都有其相应的作用。你对其中的生物学关联了解得越清楚，就越能够克服失控感。

只有我不够了解的东西才会让我害怕。知识就是力量。短时间的压力可以让我们更好地应对潜在的危险。随着肾上腺素的释放，我们变得更加清醒、敏捷，免疫力也在短时间内增强，保护我们免受疾病侵袭。但如果长时间处在压力状态下，就会出现问题。这时，除肾上腺素之外，身体还会产生皮质醇，以便维持较长时间的高效和戒备状态。免疫系统会因此受损，睡眠激素（褪黑素）分泌被抑制。因此，皮质醇会调用身体最后的资源储备，以暂时牺牲健康和睡眠质量为代价驱使我们达到目的。

如果达到目标的过程比较长，这不仅会消耗我们的精神，还会摧毁身体健康。这种情况往往出现在放松的时候，比如周末或者假期，它也就是所谓的“休闲病”。皮质醇的抑制作用使得疾病要到应激激素水平逐渐降低时才会显现出来，于是你就有了一个“美妙”的假期。这种压力是双重的：一方面，应激激素在高强度阶段持续累积；另一方面，你在放松时有可能无法有效“充电”。

我们的精神处于持续警戒状态，或者我们的脾气总是很暴躁，相当于身体在不断产生应激激素，一直处于或者频繁处于压力状态。长期来看这有可能引起器官损伤和其他疾病。相关疾病可能涉及心脏循环系统（高血压）、呼吸系统（哮喘）、肌肉和骨骼系统（痉挛）、胃肠道（消化问题）、皮肤（过敏）以及神经系统（带状疱疹）。

长期的精神压力可能导致基础健康问题恶化，引发疾病或者破坏免疫系统。大量事实证明，高压人群的死亡率更高，主要原因可能是血管因压力收缩，容易引发心血管疾病。

不过进一步研究表明，只有患者主观认为压力达到有害健康的水平时，这种关联关系才成立。如果被试在设定的压力场景中有意识地告诉自己，身体的种种反应仅仅是为了更好地应对潜在的挑战，那么他就能够更加专注、更加自信地做出反应，其身体状态也会与那些认为压力有害的被试不同。虽然两组都出现了心跳加速的情况，前者却没有出现血管收缩。

## 方法77：重新评价

可见，对健康有害的并不是压力本身，而是我们对压力的看法。如果能够更好地理解身体在压力场景下的反应机制，那么我们不仅可以提高抗压能力，还可以有效预防可能有害健康的生理反应。

你如果希望长期保持健康，免受压力损害，那么可以试一试重新评价压力。下一次你发现自己身处压力之中，或者被变态心理病症引起的消化问题、压力性头痛、睡眠问题等困扰时，可以参照下面的步骤来安抚自己。

- **你刚才的感受有一个名字，叫作“恐惧”。**
- **恐惧是身体自我保护的正常反应。**
- **恐惧并不危险，恐惧引发的身体反应在很大程度上类似于运动之后的身体反应。**

- **你的身体正在激活压力系统，以便更好地应对可能出现的危险。身体不是你的敌人，而是你的伙伴，你不必与它对抗。**

尽管进一步理解身体的反应机制、积极地评价压力能够帮助我们提高抗压能力和抵御健康危害（就像诺曼底人说的，“恐惧让人如虎添翼”），每个人的承压能力仍然是不同的。从进化生物学的角度来看，压力和恐惧反应只是身体面对潜在危险的正常反应，偶尔听听我们的身体想说什么是有必要的。当想要模仿网络视频中空手接白刃的把戏时，我们可能会不自觉地紧张起来，也许这就是身体在提醒我们：这不是个好主意。

因此，如果你能够更好地理解身体在压力状态下的反应机制，并且将应激反应视为一种有价值的保护机制，就能有效提升抗压能力。但如果你认为压力有害健康，并且为变态心理引起的病痛和恐惧所困扰，睡眠质量下降，经常一放松下来就生病，这可能就是身体在提醒你，应该给自己减负了。

恐惧和压力可能会让人“如虎添翼”，但即使有翅膀，也难免坠落。

# 17 保持轻松

有序放松

## 保持轻松

有序放松

有时候，你是否感觉自己已经到极限了：“如果再来点儿什么事，我会原地爆炸！”

我们的抗压能力都有上限，达到这个值，意味着达到了极限，这时身体可能产生恐惧、抑郁或者倦怠等反应。“脆弱性－压力模型”认为，每个人一开始都有一定程度的焦虑，这使得我们很容易受到压力的影响。这种脆弱性在每个人身上的表现各有不同：有的人可以长期承受高压，同时正常生活；而另一部分人可能特别脆弱，一下子就达到极限。

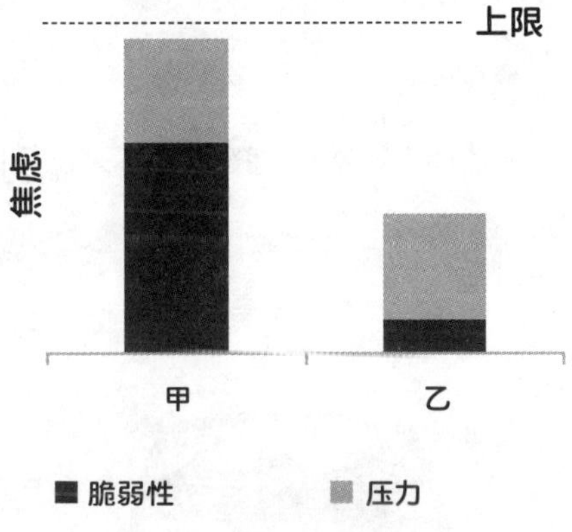


在现实生活中，我们的压力水平当然不仅仅取决于平静状态下的基础焦虑程度，脆弱性还与日常感受到的压力有关。比如上班快迟到偏偏赶上一路红灯，电脑崩溃的同时发现没开自动保存功能，或者走在路上碰到环保宣传而莫名心虚，诸如此类。

比起这些日常琐碎的压力来源，生活中的重大事件（失业、意外、分手）对我们的压力水平影响肯定更大。对于基础焦虑水平更高的人来说，不仅这些大事会让他们压力爆表，就连生活琐事也会如此。基础焦虑水平较低的人则更能抗压，即使面对重大变故也不一定会达到压力上限。

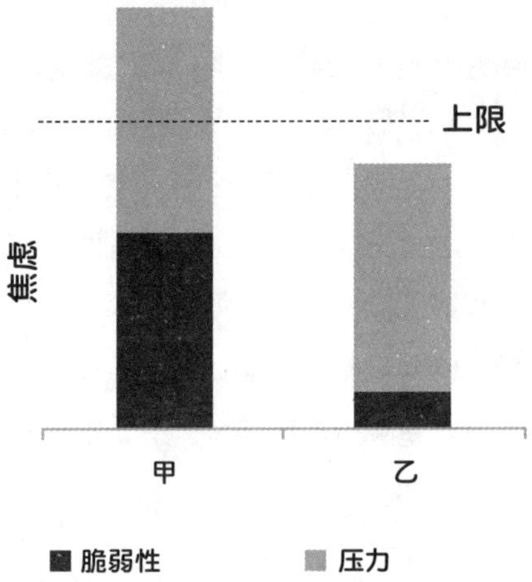


你可以想象一个雨量桶，如果桶内的水面本来已经比较高了，剩余的空间就不大，雨水很快会溢出来。

要想避免这一点，你当然可以试着避开压力来源，比如乘火车去上班，设置电脑的所有数据每秒自动保存，买东西的路上远远绕开环保组织的活动地点，甚至完全不出门都没问题。

即使这样，你也无法百分之百保证可以避开所有的压力来源。不可预见、无法控制的压力永远存在，说不准哪天环保组织会来敲你的门呢？

因此，更有意义的方法是降低自身的脆弱性。你如果在雨量桶下沿装一个水龙头，放走一点儿基础焦虑，就可以腾出更多空间，桶就没那么快装满。

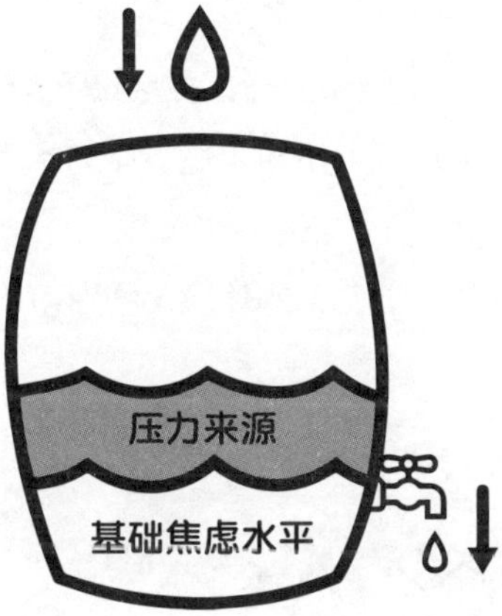


任何有益身心健康的活动都可以成为你的“水龙头”，特别是那些让你身体放松的活动（运动、健身等），疗效很好。

对于许多人来说，放松、充电等于下班后瘫在沙发上盯着电视发呆，或者结束一周高强度的工作之后周六一直睡到下午，又或者休个盼望已久的假然后什么都不做。这种时候我建议：约束自己！因为这样的放松方式效率很低，等到雨量桶和大脑好不容易清空了，一天就过去了，甚至整个周末或假期都过完了。

如果将焦虑水平在一天当中不同时间的变化用曲线图表示，大概是下面这样。

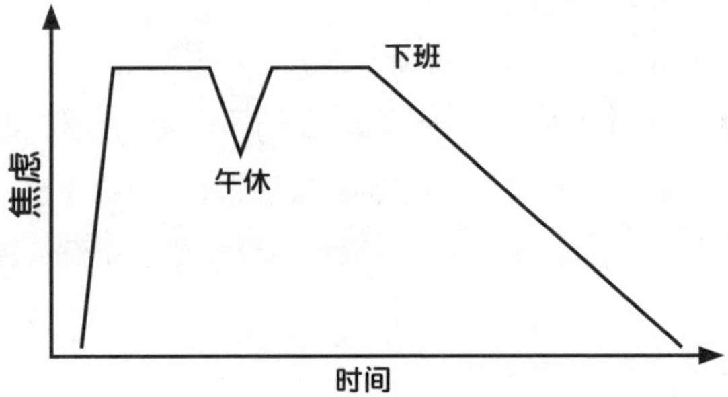


一进办公室，压力水平陡然上升，并且接下来一整天都保持在高位，顶多在午休时间略微下降一点。下班之后，压力水平缓慢下降，等到完全降下来，这一天就过完了。

如果我们在中间增加一些短暂的休息，图形可能变成下面这样。

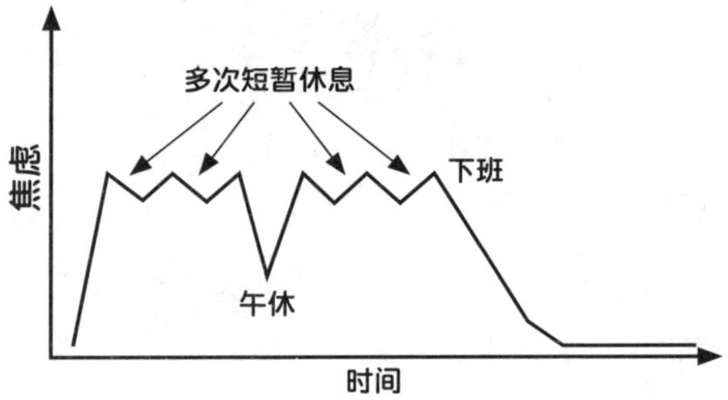


这种短休机制可以避免一天当中压力持续累积，下班之后你还有精力恢复和充电。

## 方法78：休息管理

你如果想提高自身的抗压能力，一天当中可以有意识地多次休息。比如在工作中穿插休息 5 分钟，走出办公室呼吸新鲜空气，站在窗前看看室外，闭上眼睛听听舒缓的音乐，翻看最近一次度假的照片，喝杯茶，刷刷自己感兴趣的减压视频，等等。通过定时短暂休息，你可以避免整体压力水平上升过快，下班后能够更快地放松下来，甚至还有精力享受个人生活。每天休息六次，一天加起来也不过 30 分钟。

读到这里，你可能会说：“多休息一下确实是个好主意，可我忙起来实在没时间呀。”那么我给你讲一个伐木工的故事，这是心理治疗师赫黑·布卡依在《让我给你讲一个故事》一书中提到的。

从前有个伐木工，找到木材协会想谋一份差事。这里新水还不错，工作环境比较有吸引力，因此伐木工想给对方留个好印象。

第一天他找工长报到，工长给了他一把斧头，然后指了一片地方让他开始干活儿。伐木工干劲十足，一天就砍了十八棵树。

“祝贺你，被录用了，”工长说，“加油干。”

伐木工大受鼓舞，决心第二天再接再厉，砍更多的树，所以当晚他早早就躺下休息了。

他起得比谁都早，径直去森林里干活儿。虽然很努力，这一天他也只砍了十五棵树。“我肯定是累了。”他想，于是决定晚上太阳刚落山就上床睡觉。

第三天，天刚蒙蒙亮他就爬起来，下决心要比第一天砍更多的树，然而这次他连一半都没完成。

又过了一天，他只砍了七棵树；第五天只砍了五棵；第六天勉强砍了两棵。

伐木工很担心工长会说些什么，于是主动去说明情况，并且发誓自己绝对没有偷懒。

工长问他：“你上一次磨斧子是什么时候？”

“磨斧子？我哪有时间呀，我一直都忙着砍树呢。”

要达到长期降低身体基础压力水平的效果，可以系统地放松。放松技巧就像有效的危机管理工具，你如果发现自己压力比较大，就拧开水龙头。放松训练可以在短时间内降低你的焦虑和压力水平，并且运用得越熟练，效果越好。

但系统性的放松过程不仅仅是为了克服眼前的危机，更重要的是融入日常生活之后可以起到预防作用。就像你隔三岔五打开水龙头，水面就会一直保持在较低水平。你每天刷牙当然是为了预防龋齿，否则等到长了龋齿再去刷牙就太迟了。这样看来，系统性放松训练可以帮助我们提高长期抗压能力。

不过，有可能你是那种一听到“放松练习”就开始紧张的人。躺在瑜伽垫上排除背景音乐中鸟叫声的干扰，费力地倾听自己的呼吸，想象自己是一棵树——是不是想到这些你已经开始心跳加速？如果是这样，你要知道也许放松练习对你的好处比你想象的要大得多。根据我的经验，放松练习收效最好的人往往正是那些对它嗤之以鼻的人（前提是他们愿意配合）。

另外，你可能需要调整自己对放松练习的看法。类似“我是一棵树”

这种冥想练习并不是无中生有（它确实是一种方法），只是它可能不太适合你。

放松的方法有很多，数不胜数。你去书店的心理学专区或者上网查找，会有不小的收获。经过科学论证的方法和晦涩、神秘的冥想交织在一起，后者的效果可能完全没有科学依据，但是归根结底不管黑猫白猫，能抓到老鼠就是好猫。

你如果想给自己的雨量桶找一个新的水龙头，可以优先考虑下面三个实践效果比较好的方法。

## 方法79：渐进式肌肉放松

雅各布森于 1929 年提出的渐进式肌肉放松法（PME）距今已有近百年历史，其核心是身体的紧张和放松状态之间的协调互动。首先，依次让身体各个部位紧张起来，保持片刻，然后放松。先紧张后放松，这样放松效果更好，更有利于缓解紧张。这个方法经过科学论证，效果显著，对预防压力及治疗恐惧症、高血压、睡眠问题、疼痛问题等都很有帮助。

## 方法80：生物反馈技术

舒尔茨于 1932 年提出的生物反馈技术（AT）和渐进式肌肉放松法一样源远流长，久经科学论证。这种自我催眠式方法主要通过自我暗示达到放松的目的。参与者将注意力集中于不同类别和层次的想法，并按照一定规律多次重复，从而产生舒适的身体感受，达到放松的效果。生物反馈技术改善抗压能力的效果较好，也用于治疗慢性疼痛。

## 方法81：正念减压

卡巴金于 2013 年提出的正念减压（MBSR）是一套系统的训练方法，通过有针对性的集中度训练来提升参与者的非评判性正念。正念减压法来源于禅修、冥想等身体疗法，核心在于关注此时此地。诸多研究都证实了这一方法的效果，特别是在对抗压力、恐惧和抑郁方面。

许多地方都定期提供上述三种方法的课程，此外还有大量指导性手册、光盘和手机软件，在网上也能找到各种指导文本、音频和视频。

不同于生物反馈技术和正念减压法，渐进式肌肉放松法没有那么被动，更适合那些很难放松的人。此外还有一些帮助减压的方法，例如冥想练习、想象法（比如幻想旅行）、催眠、瑜伽或气功等。古典音乐、散步或者泡泡浴当然也可能有类似的功效。

为了避免你再抱怨“好极了，我读了一整章关于放松练习的内容，啥也没学会”，现在我再具体讲一种非常简单且效果不错的方法。

## 方法82：呼吸练习

呼吸练习有很多种。一些光盘、手机软件和视频会建议你跟随特定的节奏练习，每分钟呼气若干次，吸气若干次。也有些让你的呼吸跟随某个有形的动态物体，比如一个不停缩放的球。还有的会要求你通过一根吸管呼气，或者面对距离 20 厘米左右的一支蜡烛呼气，保持烛火跳动但不熄灭。所有有效的呼吸练习都遵循同一个原则：尽量长时间、均匀地呼气。

当面对压力时，我们的呼吸会自然改变，变得更快、更浅。呼吸频率加快，胸式呼吸增多（呼吸时胸部而非腹部起伏），这是典型的压力表现。随着呼吸加速，氧气和二氧化碳的交换频率改变，血液的酸碱值也发生变化。肌肉开始紧张，交感神经系统变得活跃，应激机制高速运行。

在平静状态下，我们的呼吸频率不高于 15 次 / 分钟，理想状态是腹式呼吸，即吸气时主要是腹腔而不是胸腔扩张。在压力状态下，只要有意识地调整呼吸，氧气和二氧化碳的交换就会回归正常，肌肉放松，副交感神经系统向身体发出放松指令。

呼吸练习适用于日常放松，毕竟我们总是要呼吸的，只是要注意怎样更好地呼吸。为了每天轻松地完成练习，你只需关注以下两个要点，不必特意设定节奏或者跟随手机软件的指令。

（1）缓缓呼气：用鼻子缓慢吸气，集中注意力，尽量延长呼气的过程。你可以保持吹笛子的嘴型，用嘴唇控制呼气的量，让气流缓缓通过双唇间的缝隙（缩唇呼吸）。嘴唇可以帮助阻挡气流，自然降低呼气的速度。在这个过程中，你只需保持自然呼吸交替即可。

（2）腹式呼吸：为了帮助进行腹式呼吸，吸气时要把注意力放在腹部，感受腹腔在吸气时微微鼓起，呼气时恢复平坦。整个过程自然进行，不需要刻意调整。你的腰围在吸气时变宽，在呼气时收窄。你可以想象肚子里有一个气球，吸气时气球充气，呼气时气球放气。

以上练习只需要几分钟，高频率、短时间的练习比低频率、长时间的练习更有利于提升长期抗压能力。你可以尝试每天做五次以上短时间的呼吸练习，不仅在压力状态下做，放松时也可以做。

为了避免忘记，你可以在手机上设置提醒，或者在合适的地方贴张纸条，比如手机背面、汽车后视镜、随身挎包、电脑屏幕、冰箱门上等，每次看到提醒就马上做一次呼吸练习。

日常无事可做的时候也可以练习，比如从现在开始一边等红灯一边练习，一边等微波炉热饭一边练习，一边等电脑开机一边练习。

经过训练之后，你可以用鼻子代替嘴唇来控制呼气，这样更方便，随时随地都能进行。在超市排队买单也好，在办公室开会也好，阅读自救指南时也好，统统可以练习！

总之，你要密切关注你的雨量桶，看看里面还剩多少空间；要注意心理健康，增加休息频次，防止压力累积；还要进行系统的日常放松练习，就像每天刷牙一样。

你值得为自己努力，毕竟你可是一棵很棒的树呢！

# 18

# 睁开眼睛，径直穿过！

直面恐惧

## 睁开眼睛，径直穿过！

直面恐惧

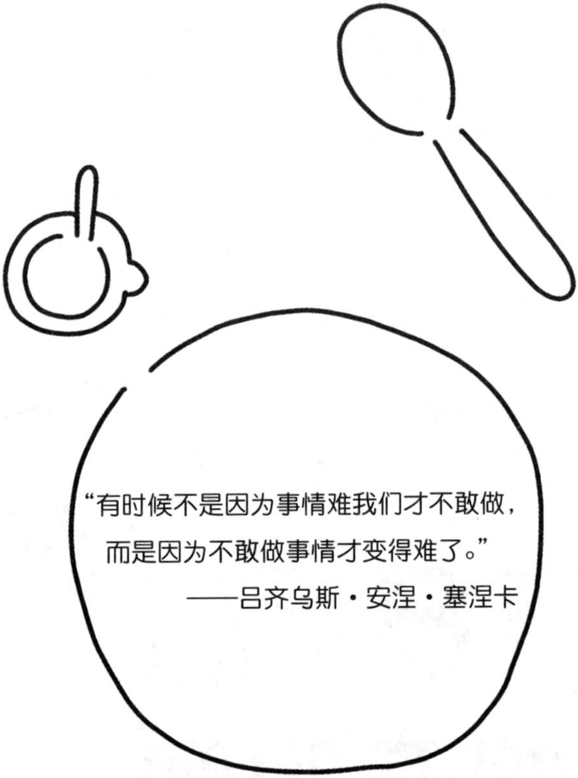

“有时候不是因为事情难我们才不敢做，

而是因为不敢做事情才变得难了。”

——吕齐乌斯·安涅·塞涅卡

有没有什么东西是你明知没有危险（至少比起你不害怕的那些东西来说并不算危险），但还是害怕的？比如，你倾慕的人邀请你喝咖啡？在餐馆吃饭时退掉一盘不太热的菜？玩蹦极？

对某件事心生恐惧时，我们就会有意无意地回避它。这样很合理，对吧？毕竟我们又不是自虐狂，至少大多数人不是。既然可以绕开，干吗要折磨自己呢？要是害怕蜘蛛，你可以直接叫另一半替你去地下室就好；如果一个学生不敢当众发言，被老师点到的时候，他可能会吓到肚子痛；如果害怕坐飞机，你大可以安慰自己假期在自家阳台上看看风景也挺不错。

但回避行为有时不太容易辨认，有些不自觉的回避并不明显，十分微妙。比如，我可以顶住压力去参加社交活动，但必须开场先灌一杯酒（甚至好几杯）；也许我能忍住极大的恐惧穿过天桥，却从头到尾战战兢兢不敢看一眼脚下；我也可以去探访一些恐怖的地方，前提是有人做伴或者我知道只要一呼救就会有人出现；我虽然害怕人群，但仍然可以完成噩梦般的圣诞采购，前提是随身带着镇静剂（哪怕我并不吃，并且它早就过期

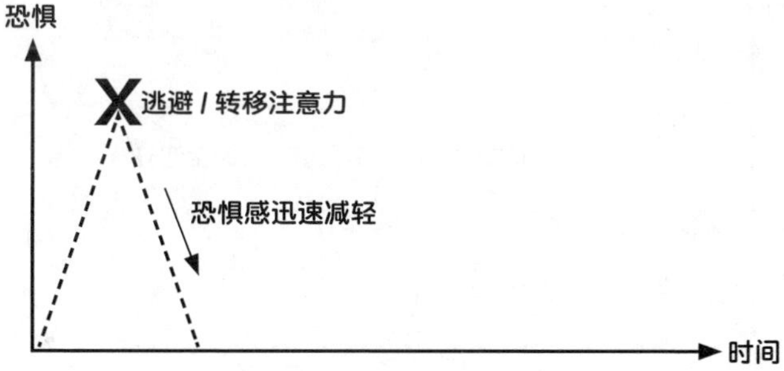

了）；我还可以克服幽闭恐惧症，走进拥挤的电梯，只不过需要全程低着头，在脑子里努力地为每个字母匹配一个足球运动员的名字。

不论是完全回避引起恐惧的场景，还是委婉地采取迂回战术，我们都能体会到控制恐惧的感觉。当我们逃避或者转移注意力时，恐惧会马上减轻；如果一开始就远离这种场景，恐惧甚至根本不会增强。因此，这种回避战术是很有效的。

但是存在一个小问题：如果一直不去面对引起恐惧的场景，你就永远不会有新的体验，也无法修正那种毫无根据的威胁感。

心理治疗师保罗·瓦兹拉威克在《不幸福人生指南》中写过一个每隔10秒钟就拍手的男人，有人问他为什么这样做，他回答："为了把大象赶跑。""大象？哪儿有大象？""你看，这不是被我赶跑了嘛！"

这个人坚信是因为他一直拍手，大象才不敢靠近。必须等到他哪天停止这种傻乎乎的行为，这种观念才会动摇。只要他继续拍手，他的观点就会被证实（拍手＝没有大象）。

所以，我们如果避开某个引起恐惧的场景，就不会那么害怕了。但是下次遇到类似的情形时，我们还是会心生恐惧，然后再次产生回避的冲动。我们甚至有可能提前逃走，因为潜意识记得：上次我一逃开马上就好多了，所以这次还是按老办法做！

如果我们不使用回避策略，情况会怎样呢？我们会有意无意地等待恐

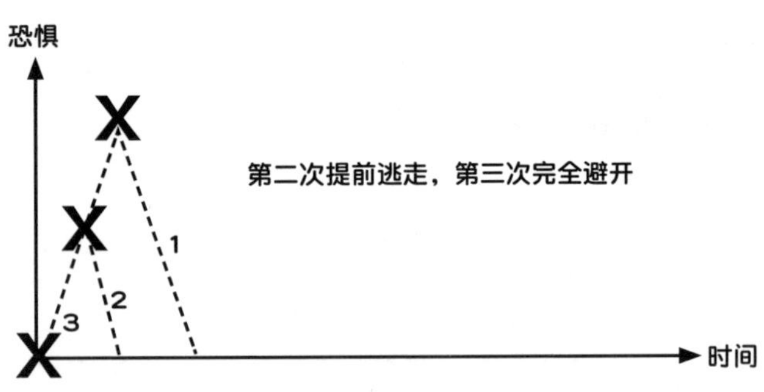

惧不断滋长、扩大，直到……嗯？直到什么？你会晕倒吗？会死去吗？会疯掉吗？世界会倾倒吗？其实你的脑海里往往并没有具体的概念，只是模糊地意识到有一种不好的感觉蔓延开来。

一种观点认为，我们会一直处于极度恐惧状态，只有离开了那个场景才能缓解。但事实上，恐惧很快就达到了上限，它无法持续不断地增强，因为应激机制迟早会耗尽全部弹药（应激激素）。恐惧先增加到峰值，片刻之后开始减小。恐惧不可能一直停留在峰值，因为我们的身体会慢慢适应那个场景，并且发现预期的危险根本没有出现。

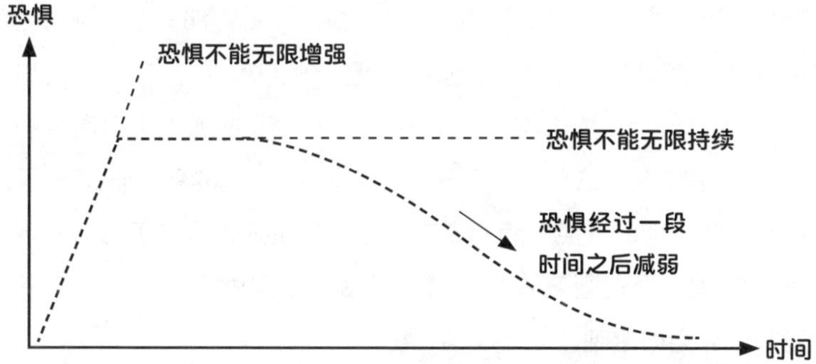


与此同时，身体释放的应激激素会减少，这个适应过程叫作“习惯化”。在这个过程中，恐惧什么时候开始减轻是不确定的。面对一些冲击，可能几分钟之内恐惧就达到极限，随后开始下降，而不那么强烈的恐惧可能持续的时间长一些。但结论只有一个：恐惧无法长期持续，当我们直面恐惧时，它会在较短时间内减轻。

一旦用这种方式应对了某个引起恐惧的场景，很可能下次遇到的时候恐惧会大幅减轻。潜意识保留着上次的记忆：我承受得住。

我知道，恐惧会自然减轻，习惯化会出现。重复面对某个场景之后，恐惧曲线会越来越平滑，直到这个场景完全不再令我感到害怕。

至于需要多少次才能达到这个效果，没有统一的结论，有时可能几次

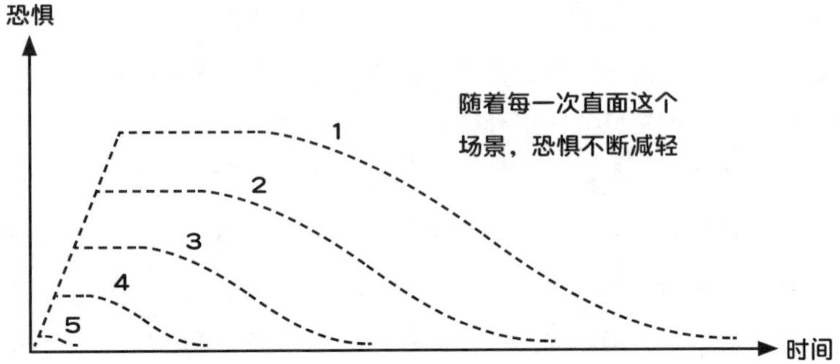


之后我们就能克服恐惧。

可见，回避策略会让我们难以开始习惯化，就连那些迂回婉转的策略（“虽然我可以面对某个场景，但必须满足一定的前提”）在这方面也会成为阻碍。“我能坚持，前提是死死抓住救命稻草”这种思维根深蒂固，导致自然习惯化完全无法开始。要是我把装着镇静剂的包落在家里了怎么办？要是跟我一起的人突然有事要走，或者手机没信号了怎么办？要是聚会只提供软饮，没有酒怎么办？用不了多久事实就会暴露：恐惧从未消失，只是被人为地压制了。

此外，回避策略还可能适得其反。比如，你担心自己的健康，于是开始给自己测心率、量血压，结果很可能一检查就心跳加快。对心跳过快的恐慌正好促成了心跳加速。再如，你担心别人对你外貌的评价，于是刻意让自己笑不露齿（可能是觉得牙齿不够白），把眉毛修得光秃秃的，或者在露天游泳池努力吸肚子。也许正是这些举动让你显得很局促、不自然，反而招来别人不解的目光。

如果害怕别人注意到你一紧张腋下就会出汗，你可能会让手臂一直紧贴着身体，或者夏天也穿着外套，但是这样反而更容易出汗。

你知道，要想在人前脸红，最好的办法是什么吗？就是时刻提醒自己千万不能脸红，这样血液一下子就冲上头了。

由此可见，回避策略从长期来看不仅无法对抗恐惧，有时还会适得其反。要想长效解决非理性的恐惧问题，同时不影响生活质量，治疗方法不是绕开恐惧，而是与它正面交锋。

治疗恐惧症最有效的方法还是认知行为疗法。治疗当中最关键的阶段是“暴露”，也就是直面引起恐惧的因素。你需要抛开那些回避策略，将自己置身于你所害怕的场景中，一直坚持到习惯化开始。通过重复和调节，最终这个场景不再能引起你的恐惧。

“等等，就是说我特别害怕某个东西，花了大价钱看心理医生，结果你告诉我方法就是忍受它？真棒！”如果你希望在这一章学到摆脱长期恐惧或不安的方法，那现在你可能在考虑赶紧把买书的小票翻出来退货了。

要不还是再给我一个机会吧！上面的方法乍一听过于简单，对于恐惧症患者甚至有点可怕，但习惯化确实是目前能够帮助你长期解决恐惧问题最重要的因素。在行为疗法中，治疗师会与患者一起制订详细的计划，让患者用能够接受的节奏和形式来直面恐惧。

除了满灌治疗，最受推崇的是分级暴露。前者是把患者直接置于最极端的场景中，例如让一个怕蜘蛛的人手上拿着蜘蛛；后者是设置不同暴露等级，避免一次引起过分的恐惧，例如先让患者看蜘蛛的图片或视频，然后用橡皮蜘蛛练习。分级暴露是在前一级取得疗效之后（恐惧显著减轻）再进入下一级治疗，直到达到最终治疗目标。本书其他章节介绍的一些方法，例如心理教育、认知重构、呼吸练习、放松练习等都可以作为辅助手段，增强患者的信心。

在治疗过程中，患者也可以要求治疗师陪同。我在实际治疗中就会陪我的患者一起过天桥、乘电梯、抽血、去超市或者坐在蜘蛛、蛇、狗、纽扣的旁边（对了，患有纽扣恐惧症的人可不少）。当然，患者也可以独立完成每个阶段的治疗。

暴露治疗也可以只在头脑中进行。研究显示，想象直面恐惧同样可以达到习惯化，它在后续真实面对恐惧时得以延续。比如，患者对考试恐惧，可以在治疗师的引导下想象某个具体的考场，从而触发恐惧。在不采取任何回避策略的情况下，过一段时间，恐惧会自动减轻，现实中也是如此。随着技术的进步，“虚拟暴露”也成为一个可行的选择，即暴露在虚拟现实中，它可以帮助我们获得新的学习体验，减轻恐惧。

可见，暴露疗法不是要将患者一下子推入水中，而是让他们逐步获得新的学习体验，直到（在不拍手的情况下）完全克服对大象的恐惧。

至于你自己是否需要做出改变，取决于你目前承受的痛苦程度。如果你现在很害怕跳伞，但不跳伞对你的生活并没有太大影响，直接放弃跳伞肯定是更明智的选择。但如果恐惧导致你的生活质量下降，或者克服不了恐惧就无法提高你的生活质量，那就有必要考虑下面几点了。

- **哪些场景、人、地点、活动是你明知道不存在直接危险，却由于害怕而回避，或者只能硬着头皮应对的？**
- **为了应对令你害怕的那些情况，你采取过哪些委婉或直接的回避策略？通常这些都是无意识行为，你下次可以注意观察。如果不借助他人、酒精、镇静剂、手机、水壶和提前溜走的借口，你还能挺过去吗？如果让你多待一会儿，而不是匆匆忙忙逃开，你还受得了吗？如果让**

你在聚会上离开靠近门口的位置，和人群打成一片，你能做到吗？如果让你坐在拥挤的剧场、电影院、大教室的前排或中间，没办法神不知鬼不觉地溜走，你可以吗？要是让你把心思放在当下，不去看手机或者用别的什么转移注意力，你真的能做到吗？

- 如果你可以不害怕、不回避这些场景，你的生活质量会有所提高吗？

## 方法83：暴露训练

你如果认为自己或多或少用到了回避策略，那就试着直面恐惧吧，要特别注意以下几点。

**暴露前：**

- **用头脑风暴法找出所有让你感到恐惧的情景，把场景中可能影响反应的变量也列出来，例如是否有人陪伴、是否在你很忙的时候、是在想象中还是现实中等。**
- **根据每个场景引发的恐惧程度（100% 为最高），对它们进行排序；把那些完全不会让你害怕的场景剔除，可以尝试设置五个低度场景、五个中度场景和五个高度场景。**

- 你如果能够接受置身于程度最轻的这一级场景中，就直接开始。不必等待某个特定的时机，在日常生活中随机练习是最好的，不过有意识地暴露效果会更好。例如，我虽然不愿意去人多的地方，但还是要强迫自己去超市，不是因为刚好需要买卫生纸，而是为了完成暴露训练。你可以规划好每一级练习的时间，确保时间充裕，这样才能感受到习惯化的过程。
- 不要盲目地暴露，要厘清思路，认真想一想为什么要这样做、具体要怎么做。不要告诉自己“我现在必须挺过去”，要有意识地关注自己这样做的动机，哪怕这个过程很可能会令你感到不适。你可能是为了提高生活质量，或者成为更自由的人，要把这些目标用合适的方式明确地表达出来，并铭记在心。
- 等你内心觉得准备好了、可以专注于此了再开始。如果眼前有其他事情分散注意力，或者身体不适，最好推迟训练。

**暴露过程中：**

- 关注你的体验，你的感官接收了什么信息？是由什么引起的？专注于此时此地，不要分心，慢慢来。
- 告诉自己，当下可能出现的最坏的情况就是你心生恐惧，而这些恐惧不会持续太久，片刻之后就会减轻。
- 你如果开始害怕，那就接受这种感觉。提醒自己，恐惧并不危险，而是身体自我保护的正常反应。
- 每隔一段时间（例如 5 分钟）评估一次恐惧或不安的程度，按照 0 ～ 10 进行打分。如果条件允许，你可把评估结果记录在下面的图中。

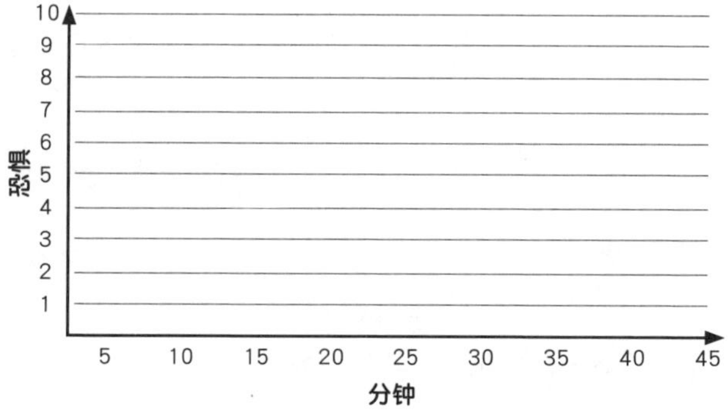

- 持续暴露，直到你感到恐惧在慢慢减轻，不需要等它消失，但至少要减弱一半。
- 如果坚持不住，可以休息一下。暂时离开这个场景，深呼吸，等待自己恢复平静，还可以做做呼吸练习和放松练习。之后，试着再次回到场景中，等待恐惧减轻。

暴露后：

- 对暴露训练体验进行评价，回顾你的恐惧曲线，习惯化出现了吗？
- 如果恐惧开始减轻之前暴露中断，不必苛责自己。这只能说明你选择的这个暴露等级目前可能有点难度。重要的是不放弃，你可以马上开始计划下一次暴露训练，把难度调低一点儿。

- **你如果顺利完成了暴露训练，不要马上回归日常生活，先庆祝一下。你完成了一件目前对你来说比较困难的事情，想想要怎么庆祝这次成功比较合适，是跟别人分享喜悦，还是给自己一个小礼物、一次小放松？**
- **用同样的方式完成余下的训练，切记按顺序先完成上一级，准备好以后再进入下一级。**

如果你现在觉得“咦，这也太麻烦了吧”，没错，确实麻烦。用这样的方式去换取自由、自信和生活质量到底是否值得，需要你自己判断。

那个拍手驱赶大象的男人当然也可以继续拍，其实不管他拍不拍手，大概率都不会被大象或剑齿虎攻击。但如果能解放双手，他肯定会更加自由。

# 19

# 是，哦不，我是说，不一定

## 自信训练

## 是，哦不，我是说，不一定

自信训练

为什么我们每次需要给出负面反馈的时候，总是小心翼翼、如履薄冰？为什么我们拿起盘子里最后一块巧克力时，会觉得不好意思？为什么我们总觉得说“不”那么困难？

所有人际交往大体上可以用下面这根标尺来表示，两端分别是“被动”和“主动”。

对于靠近“被动”一端的人而言，始终尊重他人的权利和需要是非常重要的。由于害怕伤害或打扰别人，他们往往会将自身的权利和需要置于别人之后。而对于接近“主动”一端的人，情况则刚好相反。自身的权利和需求是核心，他们通常忽略别人的权利和需求。

我们的社会行为与个人价值体系密切相关。价值观使我们意识到生活中什么是重要的，特别是在核心价值理念上，我们经常会陷入二元对立谬误（非黑即白思维）——认为任何事物要么是好的要么是坏的，不存在中间地带。

假如我受的教育或者从生活中学到的经验是“变强大很重要，否则就会被人利用”，我肯定会很主动，因为我不想做任人宰割的笨蛋。如果我学到的是“要保持友好、彬彬有礼、乐于助人，让大家都喜欢我”，那么我多半会成为一个被动的人，因为我不想做唯我独尊的浑蛋。

如果长时间处在一个极端，比如一直保持被动、默默承受，那么压力可能会不断累积，直到突然爆发。这时我们会转向另一个主动的极端

（“那我就做个浑蛋好了”），但是这样同样避免不了压力。做个浑蛋可没有人们想象的那么简单，况且并不是做了浑蛋就能顺理成章地收获更多尊重和重视。所以，有可能在主动这一端压力还是持续累积，达到极限，然后我们又转向被动那一端。

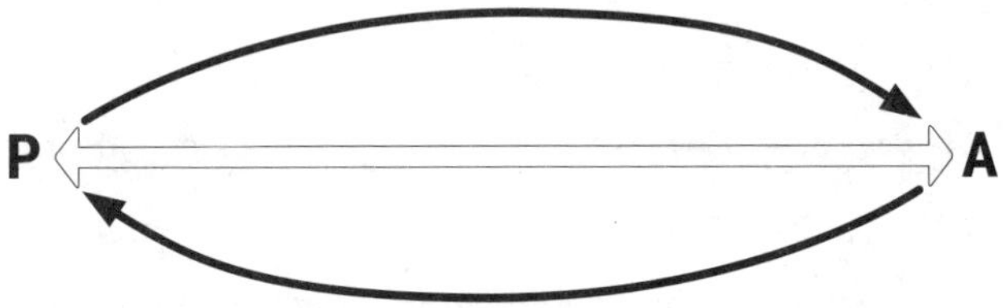


就像打乒乓球一样，乒乓球一直在两端之间来回。

事实上，我们不可能把所有价值观和行为方式简化为两极。人类的社会行为是一个大集合，其中有无数种中间形态，就连笨蛋和浑蛋都可以细分为很多种。

所谓“自信的行为”大体分布在标尺的中间位置，这里所说的“自信”主要是指将自身权利和需求与他人权利和需求摆在同等的地位。你不妨把标尺想象成一架天平，通过自信来维持被动一端和主动一端之间的平衡。

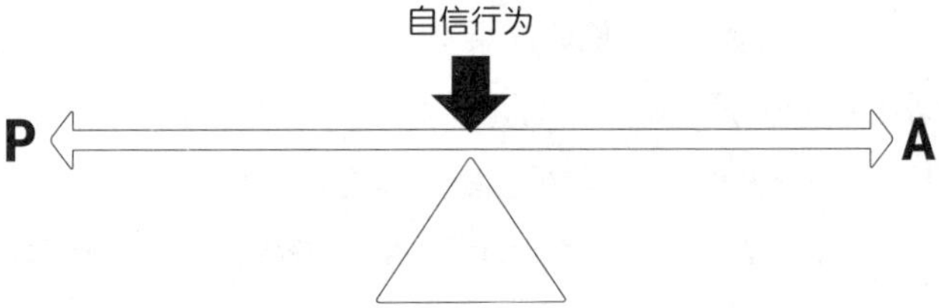


因此，自信训练的目的不是让我们从被动一端转向主动一端，而是尽量保持在标尺的中间。

在一些不错的自救指南（比如这本书）中，你可以读到许多相关内容，但最重要的还是从实践中学习。

## 方法84：自信标尺

你如果想进行自信训练，从现在开始就要注意在日常社交场合维持自身权利、需求和他人权利、需求之间的平衡。原则上在与他人接触的任何场合都可以练习，比如工作中或者在家的时候。不论你是在面包店买点心，还是努力跟伴侣解释某件事情，或者在公交车上和邻座闲聊，抑或跟老板进行考核谈话，都要养成习惯，问问自己现在处在标尺的什么位置。你得把这些体验记录下来，并在标尺上相应地做个标记。

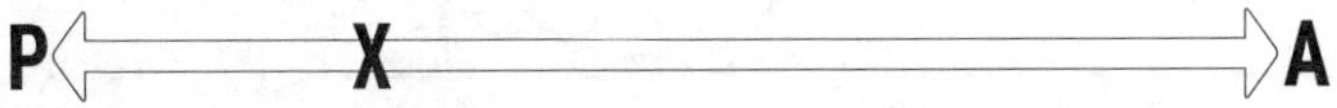


如果刚开始很难在那样的场景下自我观察，甚至有时完全忘了这回事，你也可以事后回顾和分析自己的行为，问问自己有哪些地方可以调整。这种练习可以帮助你以后在类似情境中表现得更加自信。你要记住一个简单的问题：我的权利和需求是否与他人的一样受到尊重？如果答案是否定的，那么你要坚定从容地把天平调平，不要跳到另一个极端。

## 方法85：自信开场

要增强自信，你需要一开始就特别注意以下几点。

- 你的身体姿态应当体现你的诉求，手势和表情也一样。
- 保持内外统一，不要自相矛盾，态度平和但坚决。
- 保持眼神交流。
- 清晰地表达，注意语速不要太快。
- 音量大小适宜。
- 说话的时长尽量与对方差不多。

你可以在日常生活中这样练习，也可以脱离具体场景单独练习。只要你能想象出具体的场景，这样训练的效果就可以迁移到现实场景中。对着镜子练习或拍视频效果会更好。想象自己是个演员，为了角色摆出各种姿态，变换各种表达方式，直到你与那个冷静、自信的角色浑然一体。

你还可以尝试提高沟通效率，这同样可以增强自信。沟通心理学中有一些很有效的技巧。

## 方法86：“我句式”

“你句式”包含着“你”，只要我说“你”，就等于用手指着对方。所以这个用法很容易让人觉得有攻击性，从而激起对方本能的自卫或反击。这样一来，对方完全不会注意听我们说了什么，因为他全身心都在准备反击。

而“我句式”是表达自己的感受、愿望和观点，并不会给对方造成直接威胁。当然，即便如此，对方还是可以回击，但是倾听的可能性会更大一些。别说“你又迟到了”，而是说“恐怕我们现在得赶快了”，效果显著。

## 方法87：“不批评，要期望”规则

每一条批评背后都有一个期望。批评的首要目的是追责，而期望则是目标导向。在沟通过程中，如果你的第一反应是要给对方上一课，那你还是闭嘴吧，你所做的还是批评。如果你想要找到建设性的解决方案，把你的愿望表达出来才是更好的办法。心理治疗师曼弗雷德提出了一条简单有效的规则：不要批评，要期望。批评对方“你在家啥都不干”，不如“我希望你能分担一点家务”来得有效。

## 方法88：具体反馈

你如果想让对方更好地倾听你的诉求，就要表达得具体一些，避免太过笼统。“总是”和“从不”是典型的无效沟通用语（“你总是这样，从不让人放心”），模糊笼统的表述会让对话很快偏离主题。

## 方法89：对事不对人

你如果要给别人负面反馈，应该针对某个具体行为，而不是批评个性（“你就是这种人”）。具体行为是可以改变的，但个性不能。你批评对方的行为，并不会引起过多的抗拒，因为这方面的改变是他可以掌控的。

## 方法90：别翻旧账

在和特别熟悉或者认识很久的人（比如你的伴侣）讨论的时候，往往很容易通过当下的矛盾引出过往的事情，以至把之前类似的问题都抖搂出来。“上个礼拜就是这样，2008 年在叙尔特岛度假的时候也是这样，今天还是这样，你老是这样！”虽然就事论事很难，但你还是要这么做。一旦开始无休止地翻旧账，你就离实际问题越来越远了。

## 方法91：三明治法则

你如果觉得给出负面反馈很难，可以试试下面的法则：在两条正面反馈中间夹杂一条负面反馈。

夸奖

批评

夸奖

首先从小小的恭维开始（虽然可能有点难度），然后给出负面反馈，紧接着再说一些正面的内容。人类的思维很简单，如果负面的内容隐藏在正面内容背后，我们就容易接受。“你的领带在哪儿买的？贼好看！还有就是，你见客户的时候要是打哈欠的声音能小点儿就好了。不过你这领带是真好看！”

许多人都觉得说“不”很难，因为觉得肯定会被拒绝。想象一下：你的邻居从没帮过你什么忙，说起来你不欠他任何人情，现在他请你帮忙照看他家那条恶狗（这狗光在你家门口地垫上撒尿都撒三回了），因为他有急事要出门。

邻居：呃，我今天有点事，你能不能照看一下贝波？你知道的，要是我把它单独留在家里，它会把房子都给我拆了。

你：呃，这样啊，可是我现在不太方便。我得，嗯，做饭啥的。

邻居：哦，那没事，我可以改天再去办事，到时候我再把贝波带来，谢谢啦！

你：……

对话也可以是下面这样。

邻居：呃，我今天有点事，你能不能照看一下贝波？你知道的，要是我把它单独留在家里，它会把房子都给我拆了。

你：呃，恐怕不行，一会儿我侄子要来，他对狗过敏。

邻居（带着洞悉一切的微笑）：可是贝波是只贵宾犬，没有人会对它的毛过敏的，拜托你啦！

你：……

对话还可以是下面这样。

邻居：呃，我今天有点事，你能不能照看一下贝波？你知道的，要是我把它单独留在家里，它会把房子都给我拆了。

你：哎呀，真是不巧了，我……我们马上就要出发去度假了。

邻居：那好吧，那等你回来我再来。度假愉快哟！

你（和全家人一起宅了一星期，窗帘都不敢拉开，就怕邻居发现你们没出门）：……

## 方法92：说“不”的四条规则

当你碰到想说“不”的情况时（比如想向自信标尺的中间靠拢），以下四条规则可以助你一臂之力。

（1）把“不”字说出来。虽然这一点令人惊讶，但有时候我们就是说不出这个简单的字眼，反而一直兜圈子（“嗯……那个，你知道的，我其实不太方便”），这样对方往往会觉得还有商量的余地。而“不”字是毫不含糊的，对方能够很快明白和接受我们的态度。

（2）不必解释。这比第一点更难，我们要是说了“不”，似乎必须给个充分的理由，对吧？但是为什么非得有理由呢？你想想，说“不”是因为你确信自己完全有权利这样做。只有站在被告席上，我们才需要为自己辩解，你根本没必要给自己戴上这顶帽子呀。你就拿出平静而友好的态度，不要长篇大论地解释，直接告诉对方：“不行，我帮不了你。”

（3）表示同情。这一条对我们来说比较好接受。你只要表明自己理解对方的请求，体谅对方的难处，但是态度要坚决——“我很同情你，但我帮不了你”或者“我明白你也很难，但是我也没办法”。表示抱歉，不代表我们需要为此负责。比如，很多人因为癌症而去世，为此我感到很抱歉，但这不是我的责任。

（4）重复拒绝。如果你拒绝了，对方却不接受，那么你得保持冷静，再次表明你的态度。你的表述要始终一致（就像唱片卡住了一样），千万不要费劲解释。

掌握这四条简单的规则，下次你就可以胸有成竹地说“不”了。你如果知道自己接下来需要说“不”，就提前在脑子里回顾一遍这四条规则，或者干脆把它们背下来。如果事出突然，你一下子想不起来这些规则，可以给自己争取一点时间，延迟答复（“不好意思，这事有点儿突然，我得考虑考虑，明天再答复你”）。

如果你一着急又答应了，反悔也不是不可以。除非你的同意经过了公证，否则事后你还是可以说“不”的（“不好意思，我之前答应得太快了，后来我又仔细想了想，还是不行”）。

假如你用尽了上面的规则还是推辞不掉，可能对方就是擅长指挥别人，在这种情况下，还有一个办法，那就是中断对话（“等等，我刚刚跟你说了四遍，我帮不了你，我想咱们现在最好啥也别说了”）。

回到前面你跟邻居的对话。

邻居：你可以照看一下贝波吗？你知道的，要是我把它单独留在家里，它会把房子都给我拆了。

你（友好但坚决）：不，不好意思，不可以。

邻居：呃……真的不行吗？

你（更加友好但坚决）：不行哦。

邻居（惊讶）：那好吧……

你看，可以拒绝的，对吧？

# 20

# 土拨鼠日

改变你在亲密关系中的行为

## 土拨鼠日

改变你在亲密关系中的行为

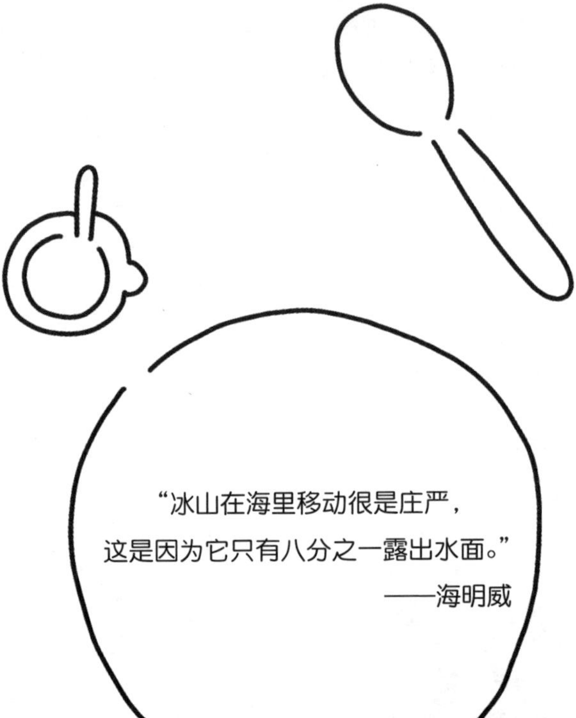

“冰山在海里移动很是庄严，
这是因为它只有八分之一露出水面。”
——海明威

人类就像冰山，露出水面的只是一小部分，绝大部分隐藏在水下。了解这一点的人除了海明威，还有心理治疗的开山鼻祖弗洛伊德。后者基于潜意识对意识（冰山之巅）的影响创立了精神分析理论。

我们每个人身上都有藏在水下的巨大冰山，其中包含着潜意识、基础需求和个性特质等。如果两座冰山相互靠近，会发生什么？从水面上观测，你可能觉得它们之间的距离刚刚好，但实际上水下的部分早就相撞了。

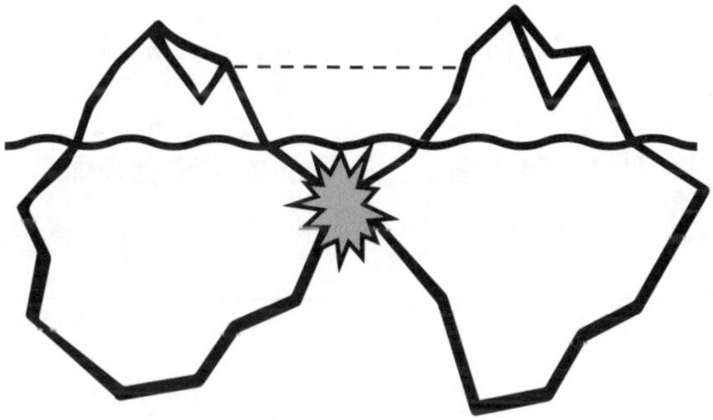

说不定你在亲密关系中也遇到过这样的情况：一方突然对另一方的行为表现出过分激动、吃醋或愤怒的反应，谁也说不清楚究竟是为什么。因为我们并不了解自己或对方在水下带着多大的负担，所以在亲密关系中很容易产生不必要的摩擦。我们常常无意间踩到对方的雷区，令对方受伤或情绪崩溃。一个貌似无害的举动、一句话甚至是看一眼旧爱或者陌生人，都会引起对方强烈的情绪反应，让水下的冰山留下刮痕。同样的矛盾、误会和有害的相处模式会反复出现。要解决这些问题，我们必须好好看一看水面下的冰山。

我们的一切经历和行为都伴随着深层次的情感需求。克劳斯·格拉维于 2004 年提出了四种基本需求。

- **关系需求：对亲密、信任和联结的需求。**
- **控制需求：对安全感、可知性、可预见性和自决的需求。**
- **自我价值需求：希望自身价值被认可、被爱，以及不断成长的需求。**
- **快乐的需求：制造愉快、有趣的体验和避开痛苦、不适的需求。**

## 方法93：需求平衡

根据克劳斯·格拉维的一致性理论，我们应当保持以上四种需求的满足程度基本均衡，这样我们才会感到平衡和健康。

你如果感兴趣，可以花点时间梳理以下几个问题。

- **我的四种基本需求目前都满足了吗？**
- **为了满足这些需求，我采取了哪些行动？**
- **我还能做些什么？**

童年时期基本需求没有满足，会对我们产生尤为深刻的影响。

心理学家、治疗师杰弗里·杨基于认知行为疗法创立的图式疗法，就是从童年的难忘经历中提炼的。“图式”是一种根深蒂固的感受模式和行为模式，它对成年仍然有着强烈的影响。图式可以无意间被激活，比如我们在目前的亲密关系中回忆起过往的伤害时。

杰弗里·杨在这一疗法中提到了十八种不同的图式，具体到每个人身上可能程度各有不同。

- **孤寂 / 不安：认为被抛弃或被放弃，因此感到恐慌。**
- **不信任 / 虐待：担心被别人伤害或虐待，战战兢兢。**
- **情绪匮乏：认为指望不上他人的情感支持，出现否定感、无价值感。**
- **自怜 / 羞愧：认为自己不配得到他人的爱或认可。**
- **隔绝社交 / 距离感：感到无法和他人建立联结。**
- **依赖 / 无能：认为没有外界帮助就无法做决定，有无助感。**
- **容易受伤、生病：认为自己一直暴露在危险中。**
- **纠结 / 自我发育不全：对自我身份缺乏敏感性，需要依附别人才觉得自己完整。**

- 放弃：认为永远无法成功，觉得自己比其他人笨、没天赋。
- 服从性 / 浮夸：认为规则和惯例都只对别人有效，与自己无关。
- 自控力不足：自律性差，经受不住挫折，做事很难有始有终。
- 屈从：认为在另一半面前表现得卑躬屈膝才会被接受。
- 自我牺牲：认为必须始终为别人付出，把自己的需求排在别人之后。
- 追求认可：想要被认可，永远努力给别人留下好印象。
- 负能量 / 消极：只关注负面的体验，害怕犯下大错。
- 情绪上拘谨：不敢表露情绪，不敢太随意。
- 标准过高 / 夸张的批判：对自己或他人过分批判，总是感到必须把所有事情都做对。
- 爱惩罚：认为哪怕最小的错误都要被惩罚，很难宽恕错误或者接受缺点（包括自己的和别人的）。

如果一个人在童年时期总是被迫独处，或者父母行为特别多变、难以捉摸，他的关系需求可能得不到满足，从而形成典型的孤寂图式。在这种情况下，他可能至今仍然会不自觉地透过孤寂图式的有色眼镜来看待亲密关系。这样的人像磁石一样吸引符合图式的信息，例如“我的另一半今天又回来晚了，这说明他不想和我待在一起，他很快就会离开我”，而不符合图式的信息会被过滤（“他跟我说过，这周工作很忙，需要加班”）。

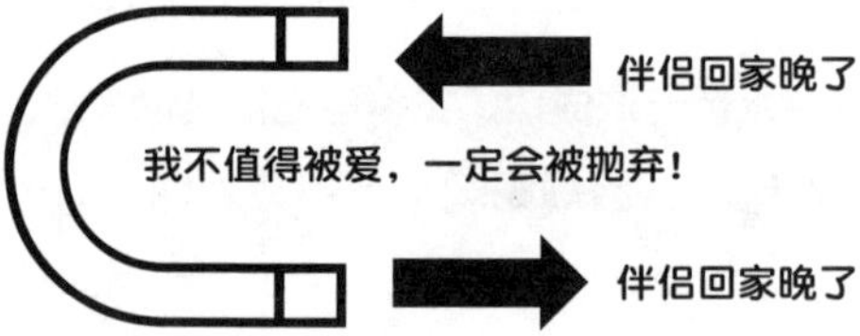


图式疗法认为，由于场景和性格不同，人们对同一图式的反应可能是三种“不适策略”中的任意一种：忍受、回避或者过度补偿。

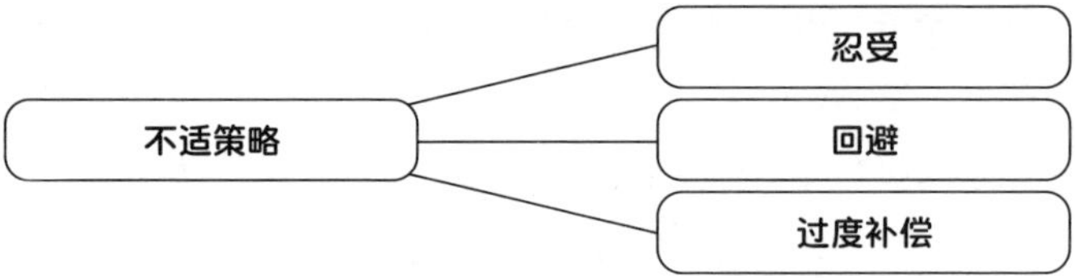

- 忍受：我们接受自己的感受，认为它是不可推翻的事实，并且不自觉地制造相同的场景，例如让别人支配我们。
- 回避：我们在生活中尽力避免激活图式，例如通过滥用药物或情绪钝化以避开特定的场景。
- 过度补偿：我们采取完全对立的方式来对抗图式，例如在贬低自己的同时又追求完美。

因此，具备孤寂图式的人可能会不自觉地与那些不可靠的伴侣走到一起，或者在亲密关系中表现得过分恐惧、小心眼（忍受）；也可能完全回避亲密关系，只维持表面的交往，这样就不会随着关系更进一步而承受失望（回避）；还可能尝试让对方依赖他 / 她，或在对方提出分手之前提出来，以免再次受伤（过度补偿）。

## 方法94：图式分析

如果发现自己总是反复陷入相似的有害行为模式和关系模式中，你就该找一找其中的图式了。哪些图式对你影响特别大？有没有可能对于容易触发图式的那些场景，你一直在不自觉地忍受、回避或过度补偿？

通过进一步了解潜意识图式如何引起自动反应，我们可以对自身当前的需求做出更有针对性的回应。

你可以在网络上找到很多关于图式起源和特征的介绍，还有一些高质量的图式疗法工具书。这些可以帮助你更好地理解相关图式，用健康的反应替代有害的反应。当然，你也可以寻求专业治疗师的帮助。

心理治疗研究学者唐纳德·基斯勒于 1983 年提出了环状模型，将人际交往行为分成两个维度。

- **友好或敌对行为**
- **主导或从属行为**

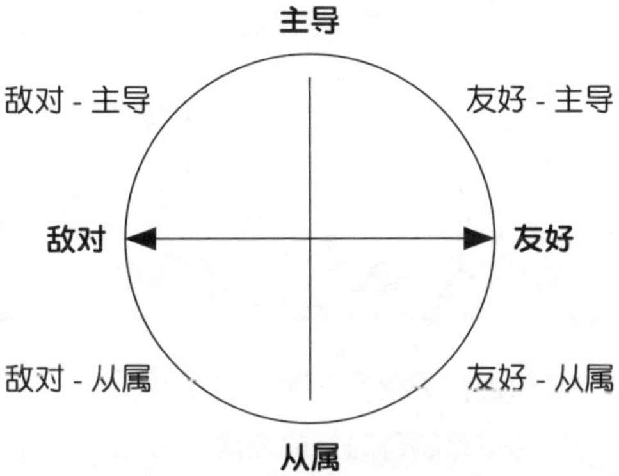


基斯勒认为，我们自身的行为会影响对方的反应。如果我方是友好的，很可能对方也会友好地回应；反之，我方的敌对态度也会招致对方的敌意，如同向山中喊话会听到回声。不过，我方的主导行为大概率会引起对方的从属行为，反之亦然。就像小朋友玩跷跷板，一头落下来，另一头就跷上去。

## 方法95：环状模型

如果在亲密关系中你总是遭遇令人不满的行为，你就要问问自己，有没有可能是你的行为方式导致的。你可以运用环状模型对具体情景进行分析。

- **你认为自己应当归于模型的哪个维度？**
- **你的行为是否可以解释对方的反应？**
- **如果你改变自己的行为，对方的反应会如何？**

为了让对方的行为符合你的期望，今后你可以有意识地通过调整自己的态度来引导对方。

| 我 | → | 他人 |
| --- | --- | --- |
| 友好 | → | 友好 |
| 敌对 | → | 敌对 |
| 主导 | → | 从属 |
| 从属 | → | 主导 |
| 友好 - 主导 | → | 友好 - 从属 |
| 友好 - 从属 | → | 友好 - 主导 |
| 敌对 - 主导 | → | 敌对 - 从属 |
| 敌对 - 从属 | → | 敌对 - 主导 |

詹姆斯・麦卡洛的心理治疗认知行为分析系统（CBASP）在实践过程中也运用了基斯勒的环状模型，特别关注思维模式和行为模式。

## 方法96：心理治疗认知行为分析系统场景分析

心理治疗认知行为分析系统对治疗慢性抑郁症效果显著，通常会用到结构性场景分析。即使没有抑郁问题，你也可以通过这种分析找出自己的潜意识反应模式。

你需要先找一个近期出现的亲密关系场景，按顺序回答以下问题。

（1）从客观角度描述实际发生了什么。

（2）从主观角度描述你认为发生了什么。

（3）你在这个场景中具体说了什么、做了什么。

（4）场景是如何结束的？

（5）你期望场景如何结束？

（6）你期望的结局能否实现（明确回答是或否）？

（7）你期望的结局是否现实、可行？

（8）第 2 个问题中你的认知符合事实吗？对达到你期望的结局（第 5 题）有帮助吗？

（9）怎样做有助于达到你期望的结局？

（10）在亲密关系中有没有一些你明知道不起作用还是会反复使用的策略？

（11）怎样把以上认知运用到其他场景中？

## 方法97：重要关联人

心理治疗认知行为分析系统还建议，制作一张关联人清单，把对我们的反应模式有影响的人罗列出来。

你如果愿意尝试，可以问问自己，哪些人（父母、兄弟姐妹、老师等）对你的人生道路产生的影响最大。然后，针对每个人分别回答以下问题。

- 他是怎样向我表达亲密的？
- 如果我表现不好，他的反应如何？
- 对于我的情感需求，他的反应如何？
- 当我表露负面情绪时，他的反应如何？

将你之前所做的场景分析和这份关联人名单对照着看，有没有可能过去与这些人相处的经历对你当前在亲密关系中的反应模式产生了影响？

如果是这样，你可以进行人际区分训练，即有意识地寻找当前亲密关系和以往与重要关联人的关系之间存在的差异。在心理治疗认知行为疗法中，患者会和治疗师共同完成训练。当然，你也可以自行练习，定期进行场景分析。

对人际关系模型进行分析的另一种思路是沟通分析，这一模型由理疗师艾瑞克·伯恩创立，他将人际互动交流视为沟通，双方基于不同的自我状态做出各种行为和反应。

- **家长状态：思想、行为和感受方式都像某个曾经见过的权威人士，我们有意无意地从父母身上习得价值观、规则、标准。家长状态下的我们可能是慈爱的或严苛的。“严苛”意味着用批判、权威、俯视的态度看待一切，“慈爱”意味着以关怀和照料为主。**
- **成年状态：行事符合逻辑、举止得体，注重就事论事，以客观情况为依据。**

- **孩童状态：思想、行为和感受方式与童年时期相似，孩童状态的我们可能是乖顺的、叛逆的或自由的。“乖顺”意味着努力迎合别人，高度服从；“叛逆”意味着抗拒他人的权威；“自由”意味着用自然、随意的方式表达自己的感受和需求。**

因此，人际交往模式有很多种。如果两个人总是以同一种沟通模式开始，以同样的负面结果结束，这就是伯恩所说的“心理游戏”。例如，你以严苛的家长状态向处于孩童状态的对方发起沟通，就会一直收到对方以叛逆的孩童状态做出的回应。

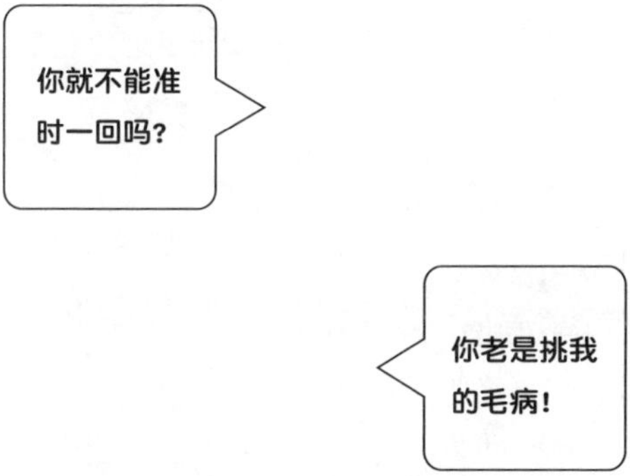


涉及其他沟通模式的类似情况如下。

你就不能准时一回吗？

呵呵，你还好意思提“准时”！

你就不能准时一回吗？

你说得对，我就是个祸害！

你就不能准时一回吗？

哎呀，好啦，大家一块玩儿！

只有在成年状态下沟通时，才能实现有效交流。

要是你能准时，我会很开心的。

我尽量。

# 方法98：沟通分析

通过沟通分析，我们可以更好地了解自身的个性和他人的个性，推进亲密关系，还能解决心理游戏问题。今后面临人际冲突时，你可以问问自己：我的沟通是从哪种自我状态出发的，引起了对方怎样的反应？

前面的沟通模式给你提供了很多选择，你可以采取适合当前情况的思维模式和行为模式。

另一个可以帮助你发现无效关系模式的模型是心理学家、沟通学专家弗德曼・舒茨・冯・图恩创立的四点恶性循环。模型没有明确的起点和终点，沟通双方都认为自己是在针对对方的行为做出反应。

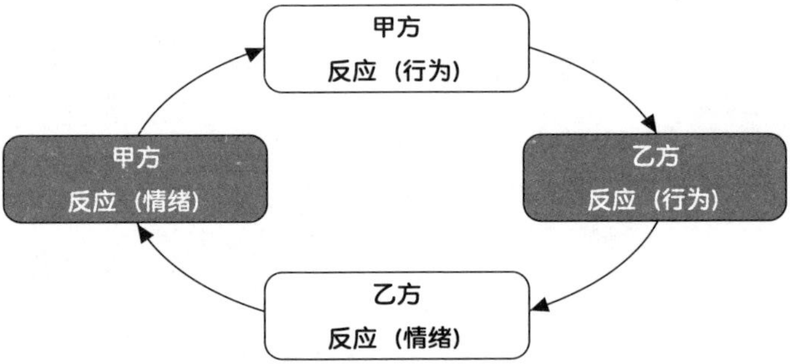

例如，夫妻一方可能会一直抱怨对方在这段关系中投入的时间不够，而对方会因此感到被束缚，结果就是更加退缩，因为这样就不用再听另一半抱怨了。但这种行为会让另一半进一步感觉被忽视，然后抱怨更甚。由此恶性循环应运而生，并会不断膨胀，直到区区一件小事都能引发矛盾升级。

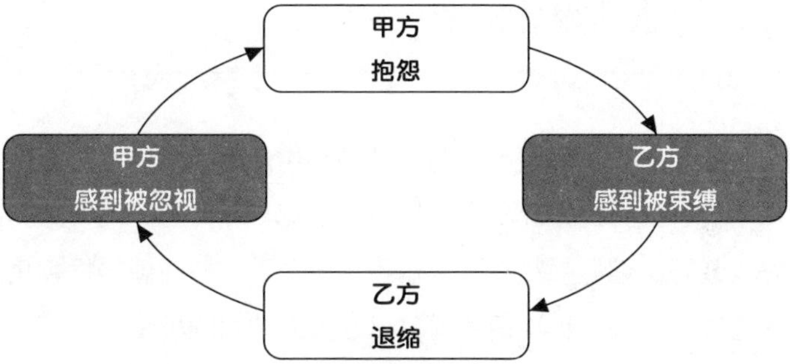


这样的机制非常典型，要摆脱这种恶性循环，需要进一步理解和探讨它。

## 方法99：恶性循环模型

如果想要深入了解为何自己在亲密关系中总是掉入同一个陷阱，你可以试着探索背后的恶性循环机制。如果你的另一半同意，两个人一起练习效果更好，就好比你们都从上往下俯视这段关系。只需要转换视角就能短暂切断恶性循环，进一步认识和探讨亲密关系背后的机制。

舒茨・冯・图恩在沟通心理学领域的另一著名理论是沟通的四维模型，它揭示了信息的四个维度。

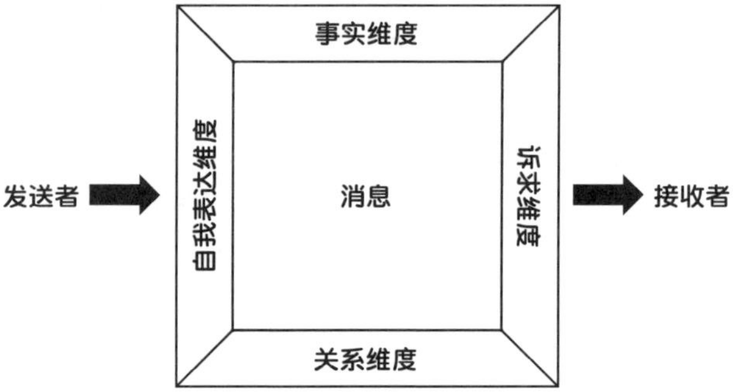

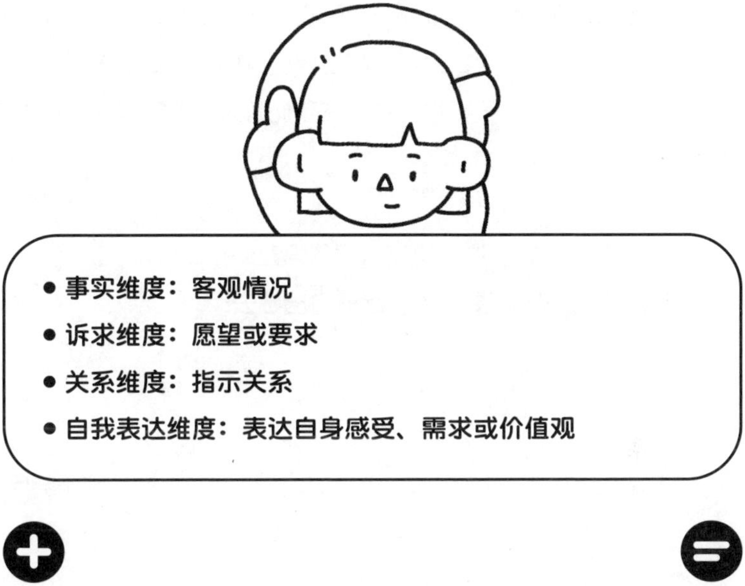


信息发送者和接收者在沟通时并不一定产生共鸣，比如“垃圾桶满了”这句话看似很简单，却可以有不同的解读。即使说话人的实际意思是“把它拿出去”（诉求），听者理论上也可以从事实出发回答：“没错，是很满。”抑或听者会把这句话视为对自己的批评，发起脾气来：“我干的家务可不少！”

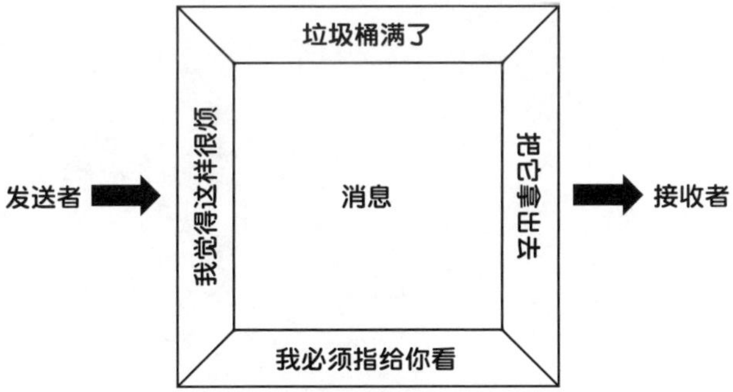

舒茨·冯·图恩认为，人人都有四张嘴、四只耳朵，它们分别对应上述四个维度。在某些关系中，人们本能地只用其中一只耳朵去听，闭上了其他耳朵。例如，一条关于事实的信息在我们听来可能带有某种诉求或批评的意味。

发送者（好奇）：这汤里面有香菜吗?

接收者（发火）：要是不爱吃就自己做去!

## 方法100：四耳四口

如果发现在亲密关系中总是重复一个效果不佳的沟通模式，你就要问问自己，是不是双方没有同频共振。你可以用四维模型来分析发出的信息和接收的信息。

- **你的想法是什么？你想用哪张嘴发出这条信息？对方呢？**
- **接收信息的人用的是哪只耳朵？**
- **这条信息在其他维度还可以怎么理解？**
- **怎样更清晰地传达这条信息，才能确保接收信息的耳朵是对的那一只？**

在人际交往中，双方就像同乘一艘船，只是一个坐船头，一个坐船尾。其中一人划桨当然也能把船开动，但另一人如果不出力，船就只能原地打转。

最后，我想跟你分享一则源自 20 世纪 30 年代漫画上的故事，据说这是一次电报的内容。

——请向北调整航向 15 度，以免相撞。

——建议您向南调整航向 15 度，以免相撞。

——我是美国海军某舰舰长，我再说一遍：请调整航向。

——不行，我再说一遍：请您调整航向。

——这里是美军航母林肯号，由三艘驱逐舰、三艘巡洋舰和若干补给船护航。我要求您向北调整航向 15 度，向北 15 度，否则我将采取必要措施保障本舰安全。

——这里是灯塔，您刚刚撞上了。

为了更好地理解自身和对方在亲密关系中的反应模式，我们可以借助一系列方法窥探水面下的冰山。你可以评估自己的基本需求，寻找图式，分析关系模式，提防恶性循环，反思自己的行为是基于哪种自我状态，发出信息时用的是哪张嘴，接收信息时用的是哪只耳朵。

最重要的是，如果在亲密关系中经常发生磕碰，你就有必要仔细审视。有时候你以为对面是一艘船，其实那是一座灯塔。

# 结语

如果你家里有工具箱，里面肯定有一把磨损得厉害的十字扳手。你常常用到它，其他工具可能很少或者从没派上用场。拜托，谁知道阀杆密封钳这种东西存在的意义是什么？

面对各种心理治疗工具时也是如此，可能本书介绍的方法中你常用的只有一两种。如果你觉得全都没有用，那么恭喜你，你的心理健康状况极佳（同时为你坚持读完这本书点赞）！

即使是这样，一只装备齐全的工具箱在家里也不会有什么坏处，毕竟不知道哪天需要换阀杆密封件。所以，你可以把这本书当作工具，生活中需要修修补补的时候就翻开来看看，说不定就能找到一两件趁手的。

有一点需要明确，自救指南无法代替心理治疗。你如果觉得心理问题日益成为一种负担，影响你的生活质量，那就果断寻求专业人士的帮助吧。

# 致谢

感谢 Remote Verlag 出版社的信任，项目经理 Lsabelle M ü ller 对我的宽容、支持和鼓励，还有编辑 Lara Voelter 的耐心和指导。

我对心理治疗的了解主要来自大学及后续阶段的学习，同时实习经历也使我获益良多。在实习过程中，我总是被要求根据每个患者的实际情况变换不同的治疗方法。我在本书中提到的各种治疗理念、案例、模型、隐喻都是在上述因素的共同影响下产生的。因此，我想感谢所有以各种方式为本书做出贡献的人。

特别感谢一些治疗师给予我建议和支持，他们是我的榜样：Rebecca Barth，Amélie Zeimet，Elisabeth Seimetz，Sonja Lehrke，Françoise Münster，Lizzie Seven，Paula Pereira，Fatima Pezzan，Christine Arendt 和 Eva Kropp-Milek.

感谢 Anja Witte 给我提供的友好建议。

当然，还要感谢我的太太劳拉，她总是在我遭遇瓶颈时给予我灵感。